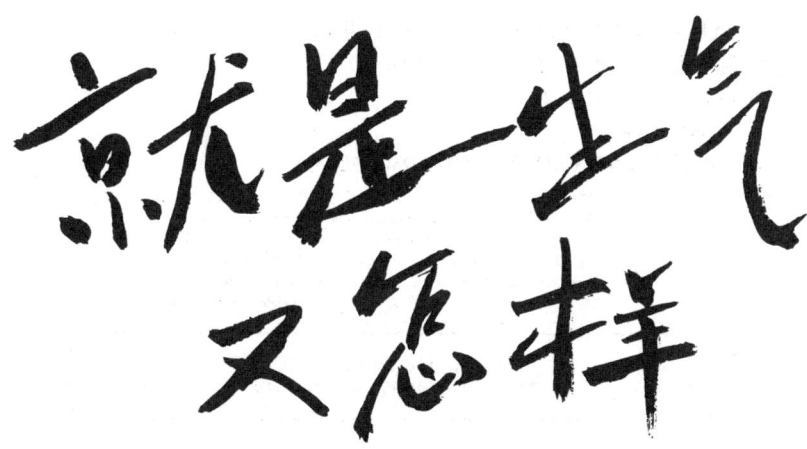

[德]弗里德里克·冯·阿德卡斯　著
陈依慧　译

图书在版编目（CIP）数据

就是生气又怎样 / （德）弗里德里克·冯·阿德卡斯著；陈依慧译. -- 北京：东方出版社，2025.3.

ISBN 978-7-5207-4212-2

I. B842.6-49

中国国家版本馆 CIP 数据核字第 2025LS7324 号

Wutkraft: Energiegewinnen. Beziehungenbeleben. Grenzensetzen
by Friederike von Aderkas
© 2021 Beltz Verlag in the publishing group Beltz · Weinheim Basel
The simplified Chinese translation rights arranged through Tongzhou Agency
（本书中文简体版权经由同舟人和文化取得 Email:tzright@vip.163.com）

中文简体字版专有权属东方出版社
著作权合同登记号 图字：01-2024-4474号

就是生气又怎样
JIUSHI SHENGQI YOU ZENYANG

作　　者：	［德］弗里德里克·冯·阿德卡斯
译　　者：	陈依慧
责任编辑：	邢　远
出　　版：	东方出版社
发　　行：	人民东方出版传媒有限公司
地　　址：	北京市东城区朝阳门内大街 166 号
邮　　编：	100010
印　　刷：	鸿博昊天科技有限公司
版　　次：	2025 年 3 月第 1 版
印　　次：	2025 年 3 月第 1 次印刷
开　　本：	880 毫米 × 1230 毫米　1/32
印　　张：	7.75
字　　数：	170 千字
书　　号：	ISBN 978-7-5207-4212-2
定　　价：	49.00 元
发行电话：	（010）85924663　85924644　85924641

版权所有，违者必究

如有印装质量问题，我社负责调换，请拨打电话：（010）85924602　85924603

献给蒂洛

译者序

古人云，修身以养性为先，养性以不动怒为本。"忿怒二字，圣贤亦有之；特能少忍须臾，便不伤生。"作为讲求中庸、和谐的民族，我们会尽量避免与他人发生冲突，忍一时风平浪静，退一步海阔天空。在感受到愤怒的时候，我们会常常劝自己气大伤身，少发怒。

纵观更为张扬的西方文化，也有许多关于愤怒的名言，但大多依然是在批判愤怒的负面影响。例如：

愤怒使别人遭殃，但受害最大的却是自己。
——列夫·托尔斯泰

狂怒是一种短暂的疯狂。如果你的情感不服从你，你要对正在支配你的情感加以控制，你一定要用缰绳和镣铐限制它。
——贺拉斯

当然，上述名言都是金玉良言，动辄发怒也是放纵和缺乏教养的表现。但是，由于我们并不了解愤怒的 B 面，所以逐渐对愤怒产生了绝对性、一边倒的误会。在日常生活中，不论大事小事，我们都会习惯性地压抑自己的愤怒。愤怒仿佛成了一种禁忌，成了负面情绪、失去控制的代名词。

但是，愤怒真的只是完全负面的情绪吗？愤怒难道就一无是处吗？谈及愤怒，你会想到什么？是涨红着脸、青筋暴出？是歇斯底里、破口大骂？……

压抑自己的愤怒就对我们有好处吗？压抑愤怒也许是出于对安全感的渴望，也许是出于对冲突的害怕，但压抑并不总能带来美好的结果。恰恰相反，忍字头上一把刀，刀刀砍向破碎的心；忍字下面一颗心，事事为别人着想。一味地压抑作为基本情绪之一的愤怒，不懂得接纳和正确地表达愤怒，当边界被一次次践踏，失去了自我、自尊、自爱，我们会委屈、愤懑、抑郁、悲伤，进而情绪失控，被迫爆发。由此，愤怒被错误地认为是暴力和发泄的化身。

然而，每个人都是充满情绪的智慧生命。愤怒只是情绪中的一种，就像其他所有情绪一样。没有不好的情绪，只有不被尊重的情绪。没有可怕的情绪，只有我们缺乏深入了解的情绪。为自己挺身而出，为自己负责，活出自我，不意味着我们必须压抑愤怒。如果你时常感到怯懦、满腹委屈，却不知该如何表达自己的愤怒；如果你总是肝火旺盛、难以控制好自己的愤怒；如果你也好奇愤怒可以带来什么样的积极改变，那么这本书就太适合你了！

阅读本书的过程，是挖掘愤怒的力量的旅程，也是跟着作者对自己进行观察和觉知的修行。通过日常生活中的事例，作者为我们剖析了愤怒的各种形式、各种类型、各种场景、各种作用，教会我们如何驾驭愤怒，化愤怒为力量。

译者序

本书通过轻松易懂的语言、生动形象的事例、贴切的心理测试和简单易行的小练习，让我们在生活化的场景中循序渐进地认识愤怒、接纳愤怒、利用愤怒。愤怒在向你传递信息，不论是身体还是内心。如果我们始终不接收这些宝贵的信息，就会身心俱疲，疾病和抑郁不请自来。

觉知愤怒的过程事实上是认识自己的过程，接纳自己的愤怒，也认真对待他人的愤怒。看似愤怒与治愈毫不相关，但接纳愤怒的过程却是治愈自己的过程，让我们学会专注自我、设立边界。挖掘愤怒，是治愈自己，也是治愈别人。只有当我们了解自己，接纳自己，爱自己时，我们才能更好地对待别人。愤怒的力量也是生命的力量，是一种宝贵的力量，如何使用它是你的选择。如果我们能够正确地认识它，它会使我们的生活更好地绽放！

德国作家赫尔曼·黑塞曾经说过："任性是一种被低估的美德。"那么，压抑愤怒又何尝不是一种被高估的美德呢？善于使用愤怒的力量的人，运气不会太差。

陈依慧

目 录

接纳愤怒让生活更美好 /001
  压抑愤怒伤害身心 /002
  为什么要在乎愤怒 /005

第一部分 发现愤怒的力量

第1章 身体中的愤怒——诅咒与祝福 /013
  寻找了解愤怒的途径——问问自己的身体 /021

第2章 感受,还是情绪? /024
  我们决定了自己的感受 /026
  感受和情绪 /031
  孩提时期的愤怒非常重要 /034
  愤怒是一种情绪 /035

第 3 章　你的愤怒从何而来？　/040

　　外公连珠炮式的破口大骂，以及妈妈的沉默　/041

　　回溯儿时的愤怒　/044

　　了解自己过往的愤怒　/046

　　当感受是不被允许的　/049

　　为什么去感受是值得的　/051

第 4 章　允许自己感受愤怒　/055

　　如果我们没有感知自己的愤怒　/058

　　当火苗飞舞　/060

　　被动攻击　/062

　　感受到改变的渴望　/065

第 5 章　愤怒有讯息要告诉你　/067

　　我们会因为什么而愤怒　/068

　　愤怒让你知道自己需要什么　/070

　　为什么感受比思考更有帮助　/073

　　当其他感受掩盖了我们的愤怒　/076

第二部分　拿你的愤怒做实验

第 6 章　良好的关系需要清晰的沟通　/083

　　在一段关系中，感受到的不是快乐，而是沮丧　/084

　　从现在起，让我们开诚布公吧！　/086

工作中的互相尊重和直截了当　/088

　　我为自己而活，不是为了跟你作对　/089

第 7 章　用健康的方式表达愤怒　/093

　　感受充满活力的内在核心　/094

　　什么触发了你对他人的愤怒　/099

　　什么是健康的愤怒的表达　/101

第 8 章　不要等待改变——自己行动起来！　/105

　　为什么为自己而行动是必要的　/106

　　作决定的能力　/109

第 9 章　有意识地行动，而不是陷入情绪的旋涡中　/113

　　积累经历　/115

　　受害者、迫害者、拯救者　/116

第 10 章　会说"是"的人，也必须会说"不"　/123

　　为什么被压抑的"不"是有害的　/124

　　报复心理　/128

　　接受风险　/130

第三部分　将愤怒化作生命力

第 11 章　换个视角重新认识愤怒　/137

　　愤怒赋予你改变的力量　/139

找到你的人生愿景 /143

清楚明白地为自己而活 /144

第 12 章 设立边界—彼此妥协—互相合作 /148

表明自己的边界 /150

保持联络 /152

寻求妥协——代价是什么 /154

合作——亲近感和距离感 /156

第 13 章 日常生活中愤怒的力量——改变压力状况 /161

降低麻木阈值 /161

有意识地应对日常生活中的触发情境 /168

元对话：有意识的行动 /171

认真对待别人的愤怒 /173

如何以尊重的态度回应他人的愤怒 /175

第 14 章 愤怒告诉你：照顾好自己！ /178

借助愤怒的力量摆脱相互依赖症 /178

用愤怒的力量抵抗倦怠和抑郁症 /182

第 15 章 通过自知的愤怒建立健康的关系 /188

爱的滋养 /189

职场中的冲突——情感发挥着重要作用 /196

用愤怒的力量摆脱受害者角色 /199

愤怒的美好之处 /204

进一步探索 /207
  情感指南针 /207
  你属于哪种愤怒类型 /209
  愤怒类型测试的评估结果 /217
  九种愤怒类型 /218

练习概览 /223

网址 /225

拓展阅读 /227

致谢 /229

注释 /231

接纳愤怒让生活更美好

愤怒有许多面貌。有的人可能面红耳赤,青筋暴起;有的人可能面容严峻,眉头紧锁;有的人则通过讥笑或高深莫测的扑克脸掩饰内心的愤怒。所以,这就是为什么有的人可能已经火冒三丈了,对方却感觉不到。这些人用冰冷的沉默无声地表达着内心的愤恨。

还有一些人,完全意识不到自己的愤怒,直到他们感觉喉咙里好像突然被塞了个大肿块,或者头痛欲裂,才会逐渐意识到自己已经怒火中烧、一触即发。许多人早已忘记了如何识别愤怒的迹象。这或许源自他们在家中有过这样的经历:一旦表达愤怒或反抗时,就会马上遭到训斥:"别给我来这一出!"或者"控制住你自己!"。

无意识表现出来的愤怒带有破坏性的倾向。但是,愤怒有时候可以帮助我们根据自己的需求塑造生活,这样的愤怒不是盲目和具有侵略性的,而是清晰、明确且有目标性的。那么,在怒火达到无法控制的极限之前,我们应该怎样合理地表达愤怒呢?又是什么原因让许多人不愿接纳内心的愤怒呢?

压抑愤怒伤害身心

在担任教师和研讨会负责人期间,我遇到过一些人,他们不允许自己愤怒,更别提冲别人发火了。我发现,这些人很难勇敢地将生活掌握在自己手中,因此,我总是努力去理解、支持他们。

我也由此被触动,对自己的家庭情况进行了审视,并且回想起来:小时候,我如果生气或者不听爸妈的话,爸妈就会把我送回自己的房间,并跟我说:"把你心里怒气冲冲的倔牛赶到草地上去。等你冷静下来再出来。"尽管他们说这话的时候并没有带着贬低的口吻,也没有对我大吼大叫,但语气坚定,不容辩驳。

可我不喜欢一个人待在房间里,所以我就尽可能地不再作出任何叛逆行为,我开始压抑自己的愤怒。为了得到爸爸妈妈的爱,我下意识地把自己的需求放在一边,调整自己的行为。比如,我们家规定:即使有不喜欢吃的东西,我还是必须至少吃三勺。起初我觉得这个要求不合理,但因为我知道跟爸妈讨论一点儿用也没有,所以还是遵守了这个规则。有时,让我感觉到难以下咽的,好像不仅是不爱吃的食物。现在我明白了,和食物一起吞下去的,还有我心里的愤怒。尽管我没有直接表达愤怒,但愤怒并没有消失。

这于我来说是影响深远的经历。如今,我知道不表达愤怒让我失去了什么。愤怒是一种力量,它能帮我们塑造生活,让我们活得更加真实、更加自我。

愤怒会告诉你哪些事情、状况和关系不适合自己;会帮助你在人际关系、家庭生活和工作中找到新的方向,并带来积极的变化；会鼓励你大声说话，表达自己的观点，建立边界，做事果断；会帮助你在重要的事情上赢得更多的发言权，敢于为他人发声或是为自己寻求帮助；会让人们勇于说出内心最真实的想法，结束喋喋不休的争论。

如果愤怒被压抑，人就会在别处找寻发泄的机会，即使不是大声表达，也会以一种沉默的、负面的，甚至在最坏的情况下以伤害自己的形式表达出来。瑞士心理学教授维蕾娜·卡斯特（Verena Kast）对愤慨和恼怒等情绪进行了广泛的研究，并得出结论：压抑愤怒的人往往会患上抑郁症。[1] 压抑愤怒会产生负面后果，并且转化为心理上和身体上的疾病。无法发泄愤怒的人，通常会感到自卑和强烈的自我怀疑，甚至质疑自己存在的意义。

近年来，在科学领域，例如在创伤研究中不断取得新的发现，情绪与身心疾病之间的联系也持续受到越来越广泛的关注。美国的彼得·莱文（Peter A. Levine）是如今最具影响力的创伤研究人员之一，根据他的说法，恐慌、焦虑和抑郁，以及各种症状都是人体持续处于压力之下的结果。[2] 心理学家劳伦斯·海勒（Laurence Heller）和艾琳·拉皮埃尔（Aline LaPierre）是依恋障碍和发展性创伤方面的专家，她们认为："激烈的情绪和缺乏感情一样，都会导致身体上的变化，并且导致身心障碍。"[3]

不仅如此，针对姿势和身体觉知对健康的影响，也早已有了相关的科学研究。20世纪40年代，尼娜·布尔（Nina Bull）在纽约哥伦比亚大学对该领域进行了探索。她主要研究了姿势和紧张状态与抑郁感受之间的密切联系。许多旨在重新调整身体姿势的疗法，比如费登奎斯方法和亚历山大技巧等，都是基于身体、心理和精神过程相互关联的基本假设。

作为感受过程的系统性顾问和陪护专家[4]，我会邀请客户观察他们的身体，并判断某些症状是否与被压抑的愤怒有关系。我陪伴过很多受慢性疾病或抑郁情绪困扰的人，发现他们几乎全都试图取悦周围的人——家人、老板、同事和朋友。在这么做的过程中，他们多次突破自己的极限，失去自我，忽视自己的需求。他们缺乏勇气向周围的人表明自己的底线。

我会和这些客户一起研究，让他们更好地感知自己的身体、感受和情绪，还有非常重要的一点——他们的愤怒，从中学会如何远离痛苦、抑郁和自我毁灭，并且汲取力量来创造属于自己的新生活。

对于那些容易反应过激或固执的人来说，他们可能比较容易失去朋友，也容易和同事或者老板产生冲突，了解并且学会和愤怒打交道对他们来说很有帮助。如果能更早地感受到自己的愤怒，并且在紧要关头目标明确地采取恰当的行动，那么，他们的生活就会发生根本性的变化，他们会拥有不一样的人际关系，在和他人的交往中也会体验到更多的活力和愉悦。

处理感受的方式对我们的生活质量和心理健康有着深远影响。让我们仔细思考一下：你如何看待愤怒？你允许自己感受到愤怒吗？愤怒在你身上的具体体现是什么？你什么时候会愤怒？比如，自己的功劳屡次被同事抢走时，有些人可能会立刻直言不讳地表达愤怒，而有些人会在事后才表达自己的不满。再比如，伴侣又一次因为工作上的事推迟了与你的约会时，你会不会气到躺在床上肚子痛？为了感受愤怒，有些人必须先找到怒火在他们身上的具体发作点和表现形式。

在本书中，我精选了一些实用的练习，可以帮助你了解自己愤怒是如何在你身上表现出来的，或是它在你身体中的某个部位是如何燃烧的。另外，愤怒完全可以变成一种积极的感受，让我们重新认识它并且用它来塑造生活，大胆地坚持自己的需求，不再伪装自己、委曲求全。让我们不断挖掘新的可能性和方法，让自己活得更精彩、更真实吧！

为什么要在乎愤怒

我认为，挖掘愤怒的力量以及意识到愤怒积极的一面很重要。首先，我想分享我是如何从愤怒中获得力量的。命运无情的打击曾经让我彻底失去方向，那时候我甚至不知道该怎么活下去。

我的哥哥蒂洛比我大4岁，在2013年自杀了——当时他35岁，已婚，还有两个年幼的孩子。不论家人、朋友还是同事，包括我在内，所有人都沉浸在深深的震惊中，无法相信这一事实。我伤心欲绝，在无限的悲痛中还交织着对很多人、对医疗体系、对整个社会和社会结构，尤其是对自己的愤怒：为什么我没有陪着他？为什么我没能阻止他自杀？

如今，我和哥哥天人永隔，我感到自己满腔怒火。蒂洛和我有很多共同点，我们很像，感情也非常好。在大哥格罗移民澳大利亚之后，我们的关系就更加紧密了。我们因为彼此的欣赏和爱而惺惺相惜，在许多方面都很合得来，都喜欢亲近自然和旅行，总能秒懂对方的幽默。对未来，我们还有好多想法和计划，想要一起做一个项目，提供团队培训服务。我们就这样一起梦想着未来，但如今，那个未来已经不复存在。

一开始，我根本不知道该如何表达心中失去蒂洛的巨大悲伤以及排山倒海的愤怒。有时候，我会突然情绪爆发，大哭、喊叫，感觉自己就像一具行尸走肉。我把心封闭起来，不愿面对自己。

蒂洛的自杀对我也是一次警告，促使我停下来，寻求帮助。幸运的是，我遇到了有爱的伙伴，并在团体中得到了帮助。在这个过程中，我还认识了克林顿·卡拉汉（Clinton Callahan）和薇薇安·迪特玛（Vivian Dittmar），之后他们成了我的老师。他们认为情感是一种服务于我们生活的信息，这一观点在很大程度上点醒了我。

当我开始逐渐整理自己除了悲伤，还夹杂着其他各种情绪的混乱心情时，我很快意识到哥哥所受的抑郁症之苦有多深。回想起来，蒂洛在学校时的成绩很好，是顶级学霸，不论做什么都能做得很好。他的组织能力很强，跟大家相处也总是很融洽，关于这一点我一直都很佩服他。他受到了很多人的喜爱和赞赏，我很难想象他会拒绝周围人的要求，更别提冒犯朋友或是同事了。

蒂洛在一家著名的企业工作多年，得到了同事的肯定，后进入管理层，职业生涯一帆风顺。尽管如此，他还是觉得这条路只是众多选项中的一个，也是人生梦想之一罢了。他曾经私下跟我说，他心里还有一丝对兼职工作的渴望，想辞去现在的工作，这样就能有更多的时间陪伴家人了。

我猜想，蒂洛心里有一个声音，规劝他更多地投身于职业生涯并继续在所谓"正确"的生活路径上坚持下去，而不是去寻找自己内心真正热爱的事物。非暴力沟通（Nonviolent Communication）的创始人马歇尔·罗森伯格（Marshall B. Rosenberg）[①]曾经尖锐地指出："做个好人的奖励是抑郁。"[5]蒂洛把情绪的矛头对准了自己：他心底渴望的是根据自己的需求和真实的想法生活，然而出于对"错误的"生活和失败的恐惧，他把自己的愿望埋藏起来。我的哥哥害怕不能完美地扮演好自己的角色。他看不到摆脱内心极度痛苦的出路。不工作、犯错误、让别人失望，以及忽视别人的期望对他来说，都是不可接受的。最终，他将内心被压抑过度的愤怒转向了自己。

不想让别人失望的想法，我也非常熟悉。我是多么地狂妄自大，以至于认为自己可以取悦所有人，做一个完美无瑕的人。我多么希望在蒂洛去世之前，自己就能达到现在的认知水平。我会鼓励他，倾听自己愤怒的感受并为自己而活；我会声援他表达自己的反对意见，告诉他在什么地方委屈了自己，并支持他勇敢地尝试突破。

我哥哥的自杀让我意识到，我们与自己内心的联系是多么重要。根据世界卫生组织的数据，德国有400万人患有抑郁症（德国抑郁症援助基金会认为抑郁症是一种普遍存在的疾病）。[6]从中可以看出，我们中的许多人已经忘记了如何倾听自己的感受。在这种情况下，利用愤怒作为一种力量可以起到抗抑郁的作用，并有助于重新塑造积极的生活。毕竟，只有自己才能为自己的生命

[①] 马歇尔·罗森伯格（1934— ），师从"人本主义心理学之父"卡尔·罗杰斯，美国威斯康星大学临床心理学博士，国际非暴力沟通中心创始人，全球首位非暴力沟通专家。——译者注

负责。

　　所有这些经历和见解，尤其是我在认知自己的愤怒情绪方面所作的努力，最终让我重获新生。从那时起，我感到思路无比清晰，我期待着未来，对自己能够来到并且参与塑造这个世界充满了感恩和喜悦。我重新把命运掌握在自己手中，了解自己，与他人交往，愈发认识到在冲突中我们也可以不断成长。

　　山重水复疑无路，柳暗花明又一村。死胡同并不总是意味着道路的尽头，它也可以是变革的起点、新视角的契机。在这个过程中，愤怒是我可靠的向导，它告诉我："停下，这条路行不通。必须有所改变，你才能继续前行。"

　　如果一个人想要感受深层次的生命活力和生活乐趣，首先要了解自己的需求。你知道你渴望什么吗？你的需求是什么？在漫漫人生路上，在稀松平常的日常之中，什么适合你？什么不适合？什么时候你会委曲求全，为了他人而活？

　　举个例子，你最近一次向某个人表达意见是什么时候？哪些处境下你会硬生生地把话憋回去，甚至可能因此感觉到自己能量的流失？在什么情况下，你明明心里怒气冲冲，外在表现却异常地平静？

　　你是否常常感到疲惫无力？你也许会纳闷，明明睡眠充足，为什么还会犯困呢？这是因为，无法做自己会让我们感到很累，违心地活着是一种挑战。为了不察觉出或是感受到自己的这种用力，我们的身体尽可能地让自己进入睡眠模式——关掉电源，闭上双眼。这会让违背自己意愿的行为更易于被接受。

　　刚开始，即使在一些小事上，我们想要维护自己的利益和坚持自己的想法也是需要勇气的。例如，告诉伴侣你不想在电影院看大片，即使他已经订了票，因为你更想窝在床上看书。认真对待自己的需求并据此采取行动，即使这样可能会导致对方的疏远，但那又怎样，又不是世界末日，不是吗？这么做也许还会导致冲突，但接纳冲突本身更为重要，这对人际交往以及打开伴侣关系和生活的新篇章都很有益处。

我们不仅可以在私人关系和工作中利用愤怒的积极力量，在社会中也是如此。即使会让人感到不舒服，也要拒绝被他人操纵并且客观地表达自己的意见，我们的社会正需要更多这样的人。

出于对商业巨头们不负责任行为的愤怒，全球范围的和平抗议运动逐步发展壮大，正吸引着越来越多的支持者。这说明，如果人们坚持明确的立场，从愤怒中完全可以生发出一种新的思维方式。

我在性格发展和教培领域工作多年，由此结识了许多人，我了解他们的情感世界并陪伴着他们。我搜集了关于他们和我的感受过程的材料，并对这些材料进行了评估。我优化了各种用于内省和情感转化的技巧，现在是时候将所有这些见解融会贯通，并提供给更多的人了。

"接纳愤怒让生活更美好"是本书的主要思想。在接下来的三个部分中，第一部分将带我们重新认识愤怒，第二部分列出了如何利用愤怒让你更接近真实需求和欲望的具体建议，第三部分将帮助你学习如何通过愤怒来过更真实、更充实的生活。每个部分都有练习，可以让你学会如何处理愤怒以及如何积极地使用愤怒的策略。我强烈建议你在阅读本书时写一本个人愤怒日记：准备一个空白的笔记本和一支笔。对于本书中的许多练习和反思问题，你可以在愤怒日记中记录你的结果。这本愤怒日记可以帮助你更好地了解和使用愤怒的力量，激发你的灵感！

弗里德里克·冯·阿德卡斯

第一部分
发现愤怒的力量

第一章

著作権法入門

第 1 章

身体中的愤怒——诅咒与祝福

人体是一个真正的奇迹：无论我们是在跑马拉松、散步、工作，还是在睡觉，每一秒都在进行着高度复杂的运转。身体陪伴我们度过一生，使我们能够采取行动。与此同时，身体还有另一项重要的能力：向我们发送信息。脚感到痛苦不适，说明新鞋太紧了；享用完大餐之后，胃部感到压力，说明胡吃海塞容易消化不良；激素水平紊乱告诉我们，自己正处于压力和紧张之下。但是，我们却经常忽略身体的信号而专注于眼前的其他事情，或是不认真对待身体发出的信号。偶尔的忽视也许并不会导致大问题，但长期忽视甚至压抑身体发出的这些有用信息，那么，我们就是在忽视重要需求，与自己的初衷背道而驰。认真对待我们的身体及其发出的信号有助于我们全面感知自我，并作出正确的决定。如果我们一味忽略或压抑自己的感受，我们的生活，尤其是身体健康和幸福指数，都会受到深远的影响。

众所周知，容易暴怒和患高血压的人患心脏病的风险更高。早在 1939 年，精神分析学家和心身医学的联合创始人弗朗茨·亚历山大（Franz Alexander）就将压抑的愤怒与高血压、抑郁症和贪食症联系起来。1992 年，斯德哥尔摩大学压力研究所的康斯坦茨·莱纳韦伯（Constanze Leineweber）领导的一个研究小组对此进行了跟进，并在一项长期研究中发现，那些经常在工作中压抑愤怒情绪的人，患心脏病的概率是普通人的 2 倍。彼得·莱文（Peter A. Levine）在他的《心理创伤疗愈之道：倾听你身体的信号》(*In an Unspoken Voice: How the Body Releases Trauma and Restores Goodness*) 一书中，提到了美国大学教授蒂莫西·史密斯（Timothy Smith）在 2006 年开展的一项研究，该研究调查了 150 对夫妇的身体因婚姻矛盾和怨恨而受到的影响，大多数参与者都超过了 60 岁。研究发现，无法在婚姻纠纷中表达出自己不同意见的女性，罹患动脉粥样硬化的风险更高。[7]

加拿大医生加博·马泰（Gabor Maté）就压抑的情绪与免疫系统之间的联系进行了一项具有重要意义的研究。他发现，在不习惯表达愤怒的乳腺癌女性患者中，她们的自然杀伤细胞（攻击外来细菌、病毒和恶性细胞的免疫细胞）不太活跃，而活跃的自然杀伤细胞保护着我们的边界。根据加博·马泰的说法，不仅那些不擅长表达情绪的女性容易得病，男性也是一样。感受——尤其是压抑感——对女性和男性的免疫系统都有着不可低估的影响。[8]

压抑情绪，比如压抑愤怒，会使人生病。在东方，具有数千年历史的传统治疗方法，如传统中医、萨满医学和印度阿育吠陀，都追求身心合一的整体性疗法，因此这些疗法都会关注情感方面。相较而言，西医还在努力解决结构性的身心分离问题。在大众眼中，传统医学与替代医学之间多年来一直存在争议，如要在化学与自然、科学与经验学、快速的器械医学与患者的同理心之间作出选择。与此同时，许多传统医学的医生在实践中也提供了补充和替代的治疗方法。[9] 如今，如果有患者因为胃病去看家庭医生，医生通常也会问他是否在生活中有精神压力。而且，整体医学和治疗的支持者们建立了工作团队，并进行国际研究，也获得了越来越多的认可。

在专业实践中，我一次又一次地体验到身体、心理和情绪之间的联系，举一个例子[10]：

> 40多岁的阿丽娜是一位小学教师，也是一位有着3个10到16岁孩子的单亲妈妈。她独自抚养3个孩子已经5年了。第一次谈及自己生活中的不如意时，她轻声说道："这几年，我的背痛得很厉害，严重时甚至连走路都很困难。有时候，我感觉自己快崩溃了，只想放声大哭。"目前，她正在接受治疗，一直在做背部的康复运动，并且坚持每周慢跑2次，持续了6个月，但背部疼痛仍然时常发作。
>
> 她将自己设定为帮助者和给予者的角色："我知道我必须应对生活中的很多事情。在独自抚养3个男孩的同时很好地完成工作，而且这是一场持久战。"我问阿丽娜有什么朋友和爱好，她解释说最近几年根本没有时间。她的情绪问题显而易见："我现在必须改变，背部出了大问题，继而其他事情也都崩溃了。"阿丽娜开始观察并且有意识地感知自己的身体和感受。她发现在正常姿势下，几乎感觉不到身体的紧张。有意识地挺起身子时，她感觉到了长久以来未曾感受到的力量感，还有自信心。阿丽娜变得更加自知："之前我甚至没有意识到自己有多沮丧和无趣，好像只是一台工作机器。"现在，她可

以着手正确处理自己被压抑了的感受和情绪了。

阿丽娜是家里的独生女,父亲暴躁易怒,母亲饱受抑郁之苦。她在很小的时候,就已经习惯于不表达出自己的需求和真实的感受,一部分原因是她害怕咄咄逼人的父亲和他的大声咆哮,还有一部分原因是她知道无论自己说什么,都不会有人倾听。当母亲在床上悲痛欲绝地度日如年时,还是小女孩的阿丽娜便开始操持家务了。和所有孩子一样,她渴望父母的爱。如果她违抗父亲,或是不帮助母亲,她害怕会失去父母的关爱。

阿丽娜就是这样长大成人的——她的愤怒和悲伤都埋藏在内心深处。只有当身体上的疼痛让她痛彻心扉的时候,她才意识到,需要去面对自己一直以来压抑着的感受和情绪。当我告诉她,感受愤怒可以让我们了解自己的需求,并对我们有莫大的用处时,她很惊讶:"对我来说,愤怒一直以来都是消极的。只有父亲才会勃然大怒,不是生我的气,就是生我母亲的气。他总是大声咆哮,看上去面目狰狞,我希望自己永远不要那样。"

有一种主流的假设是:情绪分为积极的情绪和消极的情绪。情绪有着特定的目的。于是,我们给情绪贴上标签,把它们放在某个类别的抽屉里。但是,情感其实是中性的,每一种情感都以它特殊的方式为我们服务。

> **感受是中性的。**
> **即便是愤怒，也不是消极的情绪。**

然而，在童年时期，我们中的许多人被教导快乐是积极的，女性才能表达自己的悲伤，而男性相对更多地表达愤怒。恐惧是一种不好的情绪，常常被视作软弱或胆怯的表现。也许，你小时候就听到过这些话："男儿有泪不轻弹"、"振作起来"或者"别惹事儿"。

那些在童年时期就禁止自己产生愤怒、反抗等情绪的成年人，大多是因为害怕失去亲密关系、害怕发生冲突，以及害怕不再被爱。压抑自己情感的人会忽视自己的需求，把别人的期待放在首位。作为孩子，我们很难预见到被压抑的情绪会在之后的某个时候伤害自己。这些被抑制的情绪并不会凭空消失。当我们长大成人后，甚至可能无法意识到是什么在困扰着我们。重新面对当时的情感往往是令人痛苦的，这需要勇气。

举例来说，这些年来，阿丽娜的身体一直在向她传递信息，但直到疼痛无法被再次忽视时，她才倾听了身体的信号，开始寻求治愈。常规药物可以缓解她的疼痛，但无法根治，因此她还是得寻找其他方法来帮助自己。只有当她开始越来越多地允许自己在身体和头脑中感受悲伤和隐藏在心底的愤怒时，她才经历了根本性的变化：背痛的次数越来越少，阿丽娜第一次感到浑身自在畅快。自从了解自身的愤怒之后，她也愈发清楚自己所蕴含的力量，知道如何为自己而活，照顾好自己。

阿丽娜的例子，一方面表明了从小就被压抑的恐惧和愤怒是如何通过身体疼痛来表达的；另一方面显示了被压抑的情感在关系层面上产生的后果。由于害怕失去爱，阿丽娜从小就一直在避免发生冲突，这导致她与父母关系疏远。作为一个成年人和三个孩子的母亲，她再也无法满足父母对一个乖巧勤奋的女儿的期望。为了避免早该发生的冲突，她选择了与之断绝联系。

在这一点上，我想让阿丽娜回到处理感受和情绪的核心：她的身体。第一次溯源身体中藏着怒火的部位时，她想起了小时候的经历。每当父亲大发雷霆时，她都会浑身僵硬地呆坐着。这种肢体僵硬是她天生的恐惧反应。即使过后父亲冷静下来了，阿丽娜还是无法动弹。

她泪流满面地回忆道，自己仿佛浑身都被冻住了一样，背部十分僵硬。眼泪是她悲伤和恐惧的表现。作为一个孩子，在与父亲的沟通中表达自己的愤怒对她来说可能意味着危险。

每个人的愤怒与身体反应都是不同的。容易发怒的人会清楚地感受到体内由怒气带来的能量：心跳加快，血压升高，瞳孔扩大，浑身发热、出汗。看似平和的人也会经历愤怒并且产生相应的反应，例如感到紧张和紧绷。但这只是相对而言，他们的感觉可能不会那么强烈和明显。

表达愤怒的方式因人而异，其他情绪的表达也是如此。生气、愤怒和暴怒的表达方式取决于我们属于什么类型的人，我们在童年时期是否被允许感受这些情绪，以及我们的父母和周围人的态度。

你知道自己愤怒时生理上的具体表现吗？你允许自己感受愤

第1章 身体中的愤怒——诅咒与祝福

怒吗？愤怒对我们来说也是一种能量，就像燃料或者风一样。要了解自己的愤怒，首先需要了解你的"引擎"在哪里，以及你是如何表达愤怒的：是体现在音量变大，还是肌肉紧张上呢？怒火会在身体的哪个部位找到出口？你的愤怒"引擎"是什么？是什么触发了它？

你可以通过练习1发现自己的愤怒信号。你可以在站立、躺下或坐着时进行练习，只要你觉得舒适即可。首先感受自己，然后在愤怒日记中作记录。

练习1
感知愤怒

闭上眼睛，深呼吸几次。感受你的身体。深呼吸，将空气吸入体内。现在，回想一个令你非常恼火的情境，让自己回到当时的情况中去，体会当时的身体感受。

当时发生了什么？谁做了些什么？谁说了些什么？你身体的哪个部位感觉到了变化？哪里有紧张感？你感觉到冷还是热？你有没有感觉到哪里有刺痛或者灼烧感？喉咙、胸部或者胃部有没有感觉？

如果你不能确定愤怒体现在哪些地方，那么，另选一天，比如在你因为某事或某人而怒气冲冲之后的某一天，再次重复这个练习。

在愤怒日记中，记录你身体中感受到愤怒的部位。如果你还没有任何感觉，请继续观察。这可能是因为你多年来一直不允许自己体会愤怒的感觉，因此还需要多些耐心。

寻找了解愤怒的途径——问问自己的身体

在我的咨询课中，80%的学员表示，他们难以表达自己的愤怒。其中有一个学员说出了原因："我全家都没有人展现过愤怒之情，我没有榜样可以学习如何表达我的愤怒。"

但是，身体始终在为你提供重要的信息，你可以通过它（重新）挖掘自己的愤怒。通过关注身体症状，特别是如果这些症状反复出现或是长时间出现，不妨思考一下，压抑的愤怒和身体反应之间是否存在联系，然后找到一种方法来对待自己过去被埋藏的感受。为了提高未来的生活质量，观察身体症状并提出质疑是一个非常有用的办法。你知道自己有哪些症状吗？想想它们与你的愤怒有何关系，观察它们何时发生。

一个提示是，这些症状通常在发生冲突之后，或是在你压抑自己的情绪、忽视自己的意见或感受时发生。

慢性压力会导致人体免疫力降低。科学研究表明，压力会减少白细胞的生成，而白细胞对抵御感染至关重要。你经常生病吗？想一想：你什么时候压抑了自己的愤怒？你什么时候因为没有照顾好自己而感到压力？例如，你所承担的工作量是否超出了自己的能力范围？长期处于压力下，身体会产生过多的胆固醇，而这些胆固醇需要由肝脏和胆汁来分解。科学研究发现，生气的人会产生更多的胆汁。[11]所以，器官有很多事情要做——也许太多了。

愤怒和不满通常与肝脏和胆汁相关联，所以我们会说："你是不是气到爆肝了？""何必如此大动肝火？"斯德哥尔摩大学压力研究所的康斯坦茨·莱纳韦伯的研究结果表明，当压抑愤怒等情绪，会让心脏变得敏感。问问自己和你怦怦直跳的心：到底是什么事情让我如此介怀？我在什么情况下忽略了内心的声音？我是否不愿直面真相？我经历了哪些巨大的情绪压力？是什么让我失去了自己的节奏？ 什么让我烦恼？我的生活出了什么问题？花点时间了解自己的身体症状吧，用新的视角看待它们！

除此之外，压抑的愤怒还会扰乱能量的流动，导致各种肌肉紧张。你是否经常感到颈部、肩部或者腿部的肌肉紧张？问问自己：在生活中的哪些时刻，我需要特地鼓励自己、让自己振作起来？我在哪些情况下压抑自我或是保留意见？我的心里藏着什么怒火？在哪些反复出现的情况下，我觉得自己必须保持镇静？或者你是否经常胃部不适，而医生却查不出什么问题？想一想：哪些情况、经历会让我很快感到肠胃不舒服？如果早上起床后，又感到下巴疼痛，请问问自己：是什么让我如此生气？我为什么会经常咬牙切齿？别忘了在愤怒日记中作好笔记。

> "
> 身体会向你发送只有你自己才能破译的信息。
> "

在下一章中，我想让你更好地了解愤怒作为一种情绪和一种感受之间的区别。如果你想有意识地使用愤怒的力量，就要搞清楚这二者的区别。

如果你抑制愤怒，那么体内的愤怒就像一个诅咒，它会给你带来疾病；但如果你能使用它的能量，用它带来的力量改变你的生活，那么，愤怒就是一种祝福。

第 2 章

感受，还是情绪？

感受如同情感的海洋，我们生活中的每一刻都充斥着各种各样的感受。根据我们的经历和体验到的事物，这些感受让我们经历愤怒、悲伤、喜悦或是恐惧等情绪。不同于纯粹的身体感觉，如疼痛和感官知觉，或是生理上的感觉，比如饥饿和口渴，愤怒、悲伤、快乐和恐惧的基本感受使我们成了能与他人合作并且交流思想和感受的社会人。感受是社会力量，只有通过感受，我们才能与人建立起关系。如果能带着觉知认真对待自己的感受，我们就可以运用感受带给我们的社会力量。

近几十年来，神经科学领域突飞猛进，大量的相关知识证实感受对于日常生活以及在生活中作出决定有多么重要。一次经历会让我们或多或少产生一个主观的想法，从而触发大脑中的生理化学反应。例如，生气和愤怒产生于大脑的边缘系统，而这一系统与下丘脑及我们最重要的内分泌腺体——脑垂体相互关联。脑垂体控制着身体的信号物质。例如，在危险的情况下，肾上腺素等压力激素会以闪电般的速度引发全身反应：血压和脉搏迅速上升，重要器官得到更好的供血，皮肤上的汗毛都竖立起来。边缘系统负责确保我们能用符合感受的声音、面部表情和手势来表达自己。

其他的大脑重要区域诸如额叶皮层,是位于前额后部的大脑皮层区域。有了这块区域的帮助,我们才能控制自己的反应,即在冲动生气时是否采取行为,选择口头表达自己还是克制情绪。葡萄牙神经科学家安东尼奥·达马西奥(António Damásio)[①]深入研究了感受的生物学起源以及身心过程之间的相互作用。[12]

日常生活体验中,我们并不会注意到大脑中复杂而巧妙的转换点和运转过程——但我们的感受实际上像一个秘密导演一样,时时刻刻引导着我们。通过心理游戏,我们可以观察到这些微妙的过程如何影响我们的行为:

> 想象一下,你早上起床,疲惫地打开收音机,刚好电台放的是你最喜欢的歌曲。于是你想着:"啊,多么美好啊……"因为感到快乐,一种愉悦的感受流经身体,你嘴角上扬,跟着音乐哼唱。随后,你开车去上班,但是路上堵得一塌糊涂,甚至车子开得比走路还慢。你想着,"太烦了,我要迟到了",并感到胃部由于担心而不舒服起来。这时候,垃圾清扫车堵住了整条马路,你的下巴肌肉开始紧绷,你感到愤怒,在心里暗骂起来,甚至气得砸方向盘。
>
> 还好,最终你还是准时到了办公室,并感到一种解脱的喜悦——直到老板告诉你,今天你要替同事去主持团队会议。你马上感到膝盖一软,手心出汗,反复问自己:"我做得

---

① 安东尼奥·达马西奥(António Damásio,1944—),美国南加州大学神经科学、心理学和哲学教授,美国艺术与科学学院、美国国家医学院、欧洲科学与艺术学院成员。——译者注

了吗？"一阵焦虑过后，你决定利用焦虑释放出的能量，积极寻找解决方案，缓解自己的恐惧。投入对议程安排的研究后，你的恐惧开始消失了，并且逐渐理出一个清晰的结构。下班后，你在家门口遇到了邻居老太太，她非常难过，因为她不得不把生了重病的狗带去安乐死。你的脑海里闪过"哦，天哪，这也太可怜了……"，因为你知道那条腊肠犬对于邻居而言，是极其珍贵的家人。你感到心中泛起悲伤和恐惧。令人印象深刻的一天过去了，你产生并且经历了各种不同的感受。

感受，无论明显或是细微，猛烈或是温和，每时每刻都如影随形——只是我们经常没有去感知罢了，但它们始终就在那里。实际上，在很大程度上是我们决定了自己的感受。

我们决定了自己的感受

有些时候，你会不会觉得自己被情绪裹挟了？设想一下，当你急切地想要拨通一条客服热线，却不得不先花一刻钟等待接通，然后电话就被挂断了。一瞬间，你感到心里好像有什么东西爆炸了，甚至愤怒得把圆珠笔往地板上砸。又比如，你会不会觉得别人该对你的感觉负责？例如，你会教训儿子："为什么老是把鞋子随便一脱，到处乱放？"愤怒仿佛是从外部而来，并压在我们身上的。虽然我们以这种方式感知到了怒火，然而，真实的情况恰恰相反——是我们自己掌控着自己的感受和反应，因为感觉是在我们身上产生的——感觉取决于我们自身的想法以及我们感知和评估环境的方式。

安东尼奥·达马西奥创立了"情绪评估系统",该系统由一个人过去积累的经验形成,并主管着我们的决定和反应。所有的经历都会在我们心中留下情感痕迹,我们据此对经历的好坏进行评价。身体记忆储存着人生的经历。气味、人的外貌、语气、音乐都会刺激这种身体记忆,引导我们重复或是避免过去发生的情况。对于负面经历,我们会努力使自己不再重蹈覆辙。比如,也许保持过道的整洁对你很重要——因为在你还是孩子的时候,就一直被反复要求把鞋子放好——那么,你自然而然就会觉得地板上散落的杂物很讨厌。但是,你为什么要大声地发泄怒火呢?你完全可以与儿子好好沟通,告诉他你生气的原因。由于不同的经历和由此产生的身体记忆,人们在相同情境下作出的反应各异。不同的外部事件在我们身上产生不同的反应,让我们在几秒钟之内对情况作出判断。事情的过程就像这样:儿子的鞋子在过道里放得乱七八糟——看到这一幕,你难以忍受,脉搏加速——脾气爆发,大声责骂。作为情感研究者,我对生活中的这些时刻特别感兴趣。追踪日常生活中的感受,包括自己的感受和他人的感受,让我觉得特别有意思。为了更好地展示以及解释某个情境中人会产生的相关感受,我举一个例子,可以生动地阐明四种基本感受。

本是一名工程师,今年34岁,和伴侣有一个7岁的女儿。这天,他在办公室工作,并且计划在下班前提交一份重要的建筑招标申请。他感到很紧张,离下班只有两小时了,但他认为自己应该可以做完。当天他不能加班,因为他必须去学校接女儿。就在这时,有人敲了他办公室的门,年轻的同事菲力克斯进来了。"本,新的规划软件一直崩溃。你接受过培训,能不能过来帮忙看看?"

在这种情况下,本会作何反应?让我们把所有四种感受模拟一遍,看看每种感受传达了什么:[13]

愤怒的感受:本的脸开始涨红,他感觉到自己很热,所以他只是短暂地从工作中抬起头来。"不行,菲力克斯。我现在在忙招标工作。你去联系下技术支持人员问问吧。不行的话,我明天早上一上班就来帮你。"本很紧张,他的心情很沉重,他既想完成工作,也想按时接女儿。他努力争取做到这两点,而且已经承受了很大的压力。同事的要求引发了他的愤怒之情,所以他坚定地表达了自己的态度。愤怒让本感到:不行!我不能接受!

悲伤的感受:本看着菲力克斯,心里很不好受。"不行啊,你也知道,我自己的工作也马上就到截止时间了。"但他一边说,一边已经垂头丧气地站了起来,和菲力克斯一起走出办公室。本觉得自己应该对年轻的同事负责任,也因为他是唯一完成了新规划系统培训的人。但是,本也知道,这下他就完成不了自己的工作了。由于尚未完成的任务而产生的悲伤决定了本的感受。悲伤让本感到:太沮丧了。

恐惧的感受:本愣住,坐了一会儿,好像沉浸在震惊之中。

"你不是认真的吧?!"他的双掌出了汗,湿湿的,颤抖着,不知道该作何反应。本完全专注于自己的工作,同事菲力克斯的要求则彻底打乱了他的计划。他感到整个人都不自在地僵硬起来。两种想法相互拉扯:"我是办公室里唯一可以帮助菲力克斯的人。但如果我停下来帮他,就没法完成自己的任务了。"本很害怕失败。他表达了对不能及时完成工作的恐惧,他有着强烈的不安全感。恐惧让本感到:这太可怕了!

喜悦的感受:本若有所思,然后欢快轻松地点了点头。"没问题,等一下,我马上就来……"同事的打断让本意识到了自己给自己施加的压力。他不喜欢赶在最后一分钟完成项目,所以他提前设定了这一天作为自己工作的截止日期——但其实只要在周末之前提交就行了。在菲力克斯提出要求的那一刻,本意识到自己赶在今天完成工作的计划不切实际。于是,本的身心放松了,变化让他感到安心和喜悦。喜悦让本感到:这挺好的。

在每一种情况下,我们都在几毫秒内就决定了自己的感受,感受取决于我们如何解释和评估当前的情境。你的感受决定了你会作出何种反应以及采取何种行为方式。你越有意识地感知自己的感受,你就越能有意识地引导它们。我们可以对这种感知能力进行练习。在一天结束时,总结一下自己的感受不失为一种好方法。通过这种方式,我们可以注意到在不同情况下我们产生了哪些感觉,甚至可能发现一些以前从来没感知到的关联。比如,我们体会一下愤怒:它告诉你在当下某些事情出了问题。"啊,"到了晚上，你可能会回想,"原来这就是我今天和妈妈在电话里发生冲突的原因。"——她的问候"好久没有你的消息了"突然让你感到愤怒,因为你把这句话理解为一种责备,并觉得有必要为自己辩解。

可能你会明白下午耳鸣的原因了:同事又在跟你喋喋不休地讲她的婚姻问题——在没有其他人听到的时候,她就会开启抱怨模式。你在自己身上观察到,你已经可以在她抱怨的时候,提前知道她要说什么了,因为说来说去都是那些相同的事情。你现在会想:"她把我当作一个精神垃圾桶",并意识到你根本就不喜欢这样。

有了这些见解,你就可以顺利迈向积极改变的道路了。当你不知所措、力不从心的时候,以下练习就像一种仪式一样,能帮助你梳理情绪,更好地了解自己。这能够帮助你在繁忙的日常生活中重新了解自己的状况和被忽视的需求,从而减轻压力,放松身心。

练习2
你今天什么时候感到愤怒?

让自己处于舒适的状态,有意识地深呼吸几次,然后慢慢回顾你从起床开始的一天。你今天生过气吗?在什么情况下?为什么?在每种情况下,都是哪里出了问题?敢于察觉自己有什么需求。在练习结束时,请思考:一天之中你有多少时间是愤怒的,比例是多少?不要对自己的答案作评价。

> 记住，愤怒不是消极的，当你理解愤怒所传达的信息时，它就是一种有用的感受。

感受和情绪

日常表达时，我们经常把"感受"和"情绪"这两个概念当作同义词使用。但在科学中，尤其是在心理学中，有多种方法可以区分不同的概念，研究基本感受——除了愤怒、恐惧、悲伤和喜悦（上文中我已经介绍过的四种感受）之外，还有厌恶、羞耻、爱和惊讶。感受和情绪的不同，就像可能性管理中所做的那样，对我们具有指导意义：感受出现在当下，来自真实的自我，它们会出现，然后消失。而情绪则更持久，像是延续的感受，超越了当下的时刻。[14] 对于使用愤怒的力量来说，区分在此时此地传达信息的感受，与自孩提时期起就经常拥有的情绪，是很重要的。

让我们仔细研究以下这些类型的情绪：[15]

* 来自他人的不真实感受：父母自我状态
* 过去未完成的感受：儿童自我状态

"父母自我状态"和"儿童自我状态"这两个术语来自艾瑞克·伯恩（Eric Berne）的沟通分析论。[16] 父母自我状态指的是我们从权威人物或机构（例如政府、宗教或政党等）内化的信念体系和情感。父母自我状态的情绪看似真实，但并不源于真实的自我，而是以某种方式赋予你的,并且通常是从童年时期起就开始灌输。一个典型的例子是"你不要那样做!"这种思维方式。一个朋友告诉我,她会让女儿不要一直在水坑里跳来跳去。她对自己这种不自觉的行为感到惊讶,因为孩子踩水坑其实并没有做错什么。由此,她猛然回想起来,这是因为在自己小时候精力旺盛、放飞自我的情况下,她妈妈总是跟她说:"你不要那样做!"而意识到这一点后,我朋友就对自己的女儿不再作出这种约束了,因为这不是她自己的真实想法,而是一种遗传的育儿情感,即认为踩水坑是一件不好的事。

儿童自我状态储存了过去未完成的感受。小时候发生了一些事情,还是孩子的你可能因为害怕受到惩罚,或是害怕失去家人的爱而无法表达自己,所以你选择了压抑这些感受。现在每当你再次遇到类似情况的时候,童年的情绪就会被自动激活。所以尽管现在的条件已经完全不同了,你的反应却还是和当时一样。让我们再来回顾一下本的例子,他在做重要工作时,同事菲力克斯跑来向他求助。如果他的愤怒并不仅是此时此地的一种感受,而是蕴藏着一种更深层次的情感,那么他作出的反应背后到底有着什么缘由?

愤怒作为一种情感时:本脸红了,他只是从工作中短暂地抬起头来。"不可能,菲力克斯,我现在压力很大!而且,难道就因为我是唯一一个受过培训的,就意味着我要帮所有人吗?!"本的反应是暴躁和愤怒。在被人求助的情况下,他常常不自觉地采取拒绝的态度。尤其是如果要他出于友谊的原因而把自己的利益摆在第二位时,他会愈加愤怒。

其实,这和本在童年时的感受是一样的。小时候,中午放学,他与父母共进午餐后,本想在自己的房间里玩乐高。但是,爸爸希望他每天都能够帮母亲给温室植物浇水,因为他的爸妈是经营园艺生意的。本只有一次违抗了爸爸的要求。然后,爸爸默默地把本所有的玩具都锁在阁楼里整整一个星期。从那次之后,本把他作为一个小孩子天生希望先玩耍的需要放在一边,转而帮助妈妈给花浇水 —— 尽管常常在心里抱怨。在本成年之后,当他再次经历类似的情况时,这种来自童年的愤怒会立即重新出现,并淋漓尽致地体现在他对菲力克斯的回应中。

这个例子显示了愤怒是如何被一个人过去的想法和经历所激发的。愤怒作为一种情绪时,持续的时间要长得多,因为它往往与童年时期的经历密切相关。

> "
> 愤怒、悲伤、快乐和恐惧可以是感受,也可以是情绪:感受在此时此地引导我们。而情绪帮助我们完成和治愈过去没有表达出来的感受。
> "

孩提时期的愤怒非常重要

小孩子们更直观、更直接地向我们展示了愤怒所蕴含的力量。从两岁开始，孩子们逐渐形成自己的意志，他们有了自己的想法，想要独立于父母。当他们不满时，就会大声抗议，不允许别人反驳，大喊大叫，或是独自坐在秋千上哭泣——这些都是成长的一部分。爸妈把这叫作叛逆阶段，而发展心理学家，比如丹麦家庭治疗师杰斯珀·尤尔（Jesper Juul）则称之为自主阶段。清晰明确的自我意志和对自主探索世界的渴望表现为反抗的形式，与父母发生了冲突。当宝宝在婴儿高脚椅上发火乱动、扭作一团，面前是一碗飘着零星几根菜叶的汤，而且汤水已经在桌子上洒得到处都是，任何一个妈妈可能都很难让自己保持冷静。孩子们会这样强烈地表达感受，是因为他们已经达到了极限——不论是身体上、语言上还是意志上。随之而来的，还有挫败、不满。孩子们开始不断在各个场合重复这些情境，厨房的桌子上、超市里或者操场上，这些都是孩子在经历成长的地方。专家强调，这一阶段对孩子的个人发展极其重要，因为这正是自我意识逐渐形成的时候。对于孩子来说，表达自己的需求、在与父母和周围人的交流中获得越来越多的同理心，并且学会什么时候需要妥协以及如何在不需要尖叫的情况下使自己的需求得到满足，是至关重要的。而你会发现，这也是一个很有趣的过程。愤怒的感觉不仅成年人能表达，孩子们也是一样：我就是感觉哪里有点不爽！

所以，我们首先要明白，孩子们有愤怒的感觉是自然且必要的。愤怒的感受是通往自主生活的第一步。如果父母把发脾气当成是个人问题,甚至对愤怒情绪进行贬低,孩子们就无法认识到愤怒的作用和意义。那么,为了取悦父母,孩子最多只能学会把自己的需要放在一边。在孩子反复出现高度情绪化的情况下,了解孩子对自主的需求,并以爱和实际行动陪伴和支持他们,才是对孩子有益的帮助。一个在婴儿椅上乱打乱敲的小孩子是需要时间才能冷静下来的,而这时候最重要的是父母坚定的陪伴和耐心的照顾,以确保他不会伤到自己。

总之,愤怒是孩子成长的核心力量。父母和周围人如何对待孩子的愤怒,在很大程度上决定了这些孩子成年后如何感知和表达愤怒,并将这种感受化作一种积极的力量予以使用——不仅是为了他们自己的需求,也体现在社交互动的方方面面。

愤怒是一种情绪

人在发脾气时表达的愤怒往往具有破坏性。下面的例子展示了被压抑的愤怒作为一种情绪,是如何给生活带来困扰的。对于当事人来说,情绪很真实,也很符合当时的情况,但实际上却并非如此。

希尔克今年28岁,她和男朋友莫里茨已经同居了三年。她在一家大型广播公司担任控制员也已经有半年的时间。大约四个月前,她经历了第一次严重的愤怒发作,在那之后,她的情绪变得越来越不稳定,动不动就会大发雷霆。

"当这种愤怒在体内沸腾时,我感觉整个身体都在燃烧,仿佛体内同时有风暴和火焰在剧烈碰撞。我完全控制不住自己，有时会扔杯子，甚至还打了我男朋友一次。但是，我只在家里对男朋友发脾气。导火索大多是些琐碎的事情，可能是莫里茨的一句话，比如我问他半小时后要不要一起吃饭，他却说想先去慢跑，然后我就开始发火了，指责他只想着自己。在我最近一次大动肝火之后，莫里茨问我到底是对什么不满意——还有我到底还想不想再和他住在一起。这对我的打击很大，我第一次意识到我的愤怒对他的伤害有多大。之后我一夜无眠，想了很久：我究竟是怎么了？突然我明白了，其实这一切和莫里茨无关，和我们俩的生活也完全没有关系，而是因为我觉得老板对我很不公平。"

希尔克的老板从来不跟她打招呼，也不把她的工作当一回事。但希尔克一直在为了得到表扬和认可竭尽全力地认真工作。意识到这一点之后，她恍然大悟，这种感觉似曾相识。在她的人生中，爸爸从来没有说过任何一句表扬她的话，他总是只对哥哥赞不绝口。明明希尔克的成绩更好，还帮着做家务，甚至跟随父亲的脚步学了经济学，但无论她怎么竭尽全力地讨好他，都是徒劳。爸爸自始至终对希尔克的轻视让她心里又难过又愤怒，可是因为爸爸死得很早，所以，她没办法再将心底这种复杂的感受表达出来。而她的新老板就和爸爸一样，这让希尔克感到自己又被无视了。半年来，她每天上班都感到痛苦，而且情况越来越糟糕。但她没有将这种感受在任何人面前流露出来，而是试图装作若无其事。可是，一回到家里，哪怕莫里茨随口的一句话也能点燃她内心深处这股从小就被压抑的怒火,于是她彻底地爆发了出来。她意识到不能再这样下去了。于是,希尔克首先向莫里茨道了歉,并终于向他倾诉了工作中遇到的问题。于是,莫里茨鼓励希尔克跟老板谈谈这事。

根据希尔克的经历,她现在可以感知到自己在童年和青少年时期没有感知到的愤怒了。通过觉察这种愤怒,并将其与自己对父亲的情感联系起来,她得以触及并疗愈过去被压抑的情绪。她不再是那个沉默寡言、为不被人重视而烦恼的乖宝宝了。她长大了,可以为自己说话,为自己渴望被认可的需求挺身而出。愤怒向她传递了一个重要讯息:你的生活出了问题。作为成年人,她清楚地表达了她的愤怒是什么。通过将情绪和感受彼此分开,她采取了正确的行动并且获得了存在感。

简而言之,关于愤怒,可以总结出以下几点:

愤怒

讯息: 我感到有些地方不对劲!
坏处: 造成破坏
好处: 认清情况
目标: 采取行动

正如希尔克的例子所示，愤怒——不论是作为一种感受，还是一种情绪——都有其存在的目的，可以帮助你更真实地生活和维护社会关系。现在的希尔克能够更好地作出有自知的决定并且承担责任，例如进行对话沟通。与老板的交谈使她摆脱了内心的枷锁。

同样，你的愤怒也可以引导你走上更为有益的生活轨道。如果你能区分感知到的愤怒是一种感受还是一种情绪，那么，你就已经为感知自己的所需奠定了基础。

练习 3

你的愤怒：是感受，还是情绪？

慢慢来，回想你上次感到愤怒是什么时候。

问问自己：

★ 当时，我是否变得特别安静，同时我有没有感知到自己的高度紧张？

★ 我是否感到冲动？

★ 那是一种感受还是一种情绪？

★ 我是否直接表达了自己的愤怒，并明确了立场？

★ 还是，我完全没有感知到自己的愤怒，只是被当时的情况激发了愤怒并且表现了出来？

如果你觉得自己内心深处仍有一种来自童年的情绪，而且现在还在遭受痛苦，请不要压抑自己。让教练或治疗师陪伴在你身边，这样你可以在受保护的空间中，再次感受那些过去的情绪并体验它们如何转变。

在下一章中，我们将进一步探讨愤怒来自何处。我们会专注于探讨我们所受到的影响和过去的经历，并分析为什么对于大多数人来说，愤怒是一种负面的情绪。

第 3 章
你的愤怒从何而来?

当外出时突然下起雨,而你却没有带伞时,你会不会生气,甚至破口大骂?还是说你更容易接受现实,并没有什么特别的感受?当最后一块你最喜欢的蛋糕恰好被排在前面的男士买走时,你会懊恼地咬住下唇,还是觉得蛋糕被他买走也挺好的?在中国或是日本文化熏陶下长大的人们很早就认识到了腼腆、自我克制和礼貌在人际交往中的意义。德国的发展心理学家曼弗雷德·霍洛登斯基(Dr. Manfred Holodynski)教授指出,欧洲的婴儿比亚洲的婴儿表现出了更多的感受。例如,有些亚洲孩子在得不到想要的东西时通常会哭闹,不习惯直接表达诉求。在美国,坚持自我以及果断的执行力被看作优点。那些会宣泄愤怒的人表明,为了达到某种目的,他们不惧怕冲突。但对于日本人而言,首先了解周围人的需求是理所当然的。由文化决定的价值观会影响人们如何处理自己的感受。这些处理个人感受的不同方式展示了:在不同的文化背景下,对个人感受的评价也不一样,相应地,表达形式也千差万别。

外公连珠炮式的破口大骂，以及妈妈的沉默

关于在我们长大成人后如何以及是否接纳和表达愤怒，除了文化差异的影响之外，自身的家庭有着怎样的愤怒文化也至关重要。也许一家人是热热闹闹的，时而也会大声争吵，过后便重归于好、紧紧相拥。又或者是一个安静的家庭，大家话虽不多，但给予彼此愤怒的空间，给对方时间冷静下来，不强人所难。每个家庭都是独特的，每种生活方式都有其合理性。当然，也有一些家庭不欢迎愤怒的感受。当一个感到愤怒的孩子被粗暴地送回自己的房间时，孩子这场愤怒行为背后的意义就被忽视了，愤怒的行为遭到压制和否定，他们被训斥，被威胁将失去对他们的爱："你总是这样大喊大叫！"，或者"你现在就像你爸一样暴躁！"。

当我开始回想自己的原生家庭是如何处理愤怒的时候，我很快意识到几乎就不存在处理愤怒这件事。我的爸妈是保守的基督徒，他们的座右铭是《圣经》中的"爱人如己（love thy neighbour as thyself）"。而在我的记忆中，重点主要在这句话的第一部分，也就是要爱别人，所以我很早就学会了多照顾他人的需求。先照顾好自己，并把自己的幸福摆在第一位，对我而言是陌生的。这样做很可能被贬低为利己主义。因此，我养成了一种类似救世主的本能，我想随时随地帮助他人，甚至产生了可以精准感知到别人需求的第六感。

在我爸妈家，日常生活的主旋律是和谐与友好共处，他们认为争吵或者强烈的情感表达是与爱他人相矛盾的。只有一个家庭

成员可以大声喊叫,有时他还会用拳头砸桌子——那就是我的外公。他可以自由地、言辞猛烈地、大声地发泄怒火——导火索也许是一个社会事件或者政治事件——我们家里人称之为"狂躁症发作"。在这种时候,我记得外婆会扮演调解员的角色,顺着外公,并让他平静下来。"孩子她爸,不要生气,小心身体啊。"对我来说,这些发怒的时刻既可怕又迷人,因为我对这种表达方式太陌生了。这种喜怒无常的无法预测和狂风暴雨般的急躁脾气让我产生了不安全感,内心体会到一种联系的缺失,一种不确定感。

在我的核心家庭中,我们会尽可能地避免冲突。有一次周末,我跟随爸妈去他们朋友家过夜,我的兄弟们都没有同行,爸妈只带了我一个人去,所以我非常期待这次特殊的活动。我目睹了那位朋友和她的伴侣激烈争吵的场景。我记得她非常生气,用力地把一个陶瓷花盆砸碎在地板上,并破口大骂,冲出了家门。我一个人留在客厅,既害怕又没有安全感。直到那时,我才知道原来人和人之间会产生如此激烈的冲突。但那位朋友回来之后,却完全是若无其事的样子,好像从来没有发生过任何争吵,这就让我更加困惑了。但是,出于一种无声的默契,我没有过问,事后也没有跟别人提及那次争吵。

如果是有人与我的妈妈发生冲突,则会是完全不同的情况,因为在这种时候,我妈妈往往会选择沉默。如果有人令她恼怒,或是发生了令她生气的情况和行为,她会停止沟通,用冷战或者沉默不语来应对。这让人很痛苦,因为在这种情况下,我必须揣摩自己做错了什么并思考如何重新与她沟通。时至今日,我仍然记得处于这种情况下的那种不安全感和恐惧感。这种惩罚经常让我感到被看轻。

在我大概17岁的时候,有一次我没有遵守每周清洁一次浴室的承诺。几天过去了,我依然没有行动,我妈态度很友好地提醒我要去做好这分内的家务工作,面对我的拒绝,她选择沉默。六天之后,她问我她需要做什么才能让我兑现自己的诺言,我回答说,她应该对我大喊大叫,那样我就会去做。可能我想用这种方式激起她的愤怒,看看她愤怒的样子吧。毕竟,那天是我们有史以来第一次谈及愤怒的感受。

我爸不一样,他主要通过行动来发泄自己的愤怒,例如通过定期慢跑或者将精力投入讲座和项目中。当发生冲突时,他通常试图调解,让一切恢复和谐。但对我来说,这总感觉像是刻意用逃避的华丽外衣掩盖住剑拔弩张的紧张气氛。

回想起童年,我发现自己缺乏一个能够健康地表达愤怒的榜样。我没有学会建设性地处理不同的意见和冲突,也不明白如何设立明确的界限,并且为自己挺身而出。作为一个成年人,我开始慢跑,这是释放多余能量的重要途径,否则这些能量就无处宣泄。多年来,我一直非常害怕冲突,有时候当外部冲突出现时,我习惯性地担任调解员的角色,就像外交官一样。这可能就是帮助处于冲突情境中的人对我来说十分重要的原因。而现在,大声交换意见的冲突几乎不会再引起我的恐惧。相反,我将争论视为两个人之间真实的交流。这主要归功于,作为一名成年女性,我逐渐发现了愤怒的力量,并学会了如何使用它。

练习 4

你原生家庭中的愤怒

回想你的童年和陪伴你一起长大的人。观察和感知：

★ 你家里有人发过火吗？谁有权表达愤怒？在你的家庭中，你们经历过什么样的愤怒，以及家里人都怎么评价愤怒？

★ 在你还是孩子的时候，你能表达出自己的愤怒吗？你被允许表达愤怒吗？家里人怎么对待你的怒火？

★ 如果你的家人不在家发火，那么，他们如何发泄自己的愤怒？

★ 在学校、健身社团或者工作中，有没有让你印象深刻的发火的经历？如果有某件事情让你感到特别介意或是感到惊讶，请将其记录在你的愤怒日记里。

回溯儿时的愤怒

下面，让我们深入了解愤怒的本质。小时候，你是不是像一个"小暴君"，一旦遇到不顺心的事，就大喊大叫？或者在闷闷不乐的时候，偷偷把窗台上植物的叶子一片一片摘下来？周围人是怎么看你的？家庭聚会上，你的哪些故事被大家津津乐道？愤怒的记忆往往根深蒂固，瑞士心理学家维蕾娜·卡斯特（Verena Kast）说过，"愤怒几乎不会随着岁月冲刷而被侵蚀"[17]。我们如何表达愤怒、如何措辞，不仅受到家庭的影响，还取决于我们生活的社会环境。在人生旅途中，那些迁徙到不同文化环境的人会发现，正确地识别和评估新环境中的愤怒表达并不是一件易事。而且，这位心理学家提及，缺乏人际关系中的情感纽带会导致不安全感。当你习惯了大声咆哮表达愤怒时，突然发现扬起的眉毛竟也是一种怒火的象征时，那么你就需要新的触角来感知，可能还需要新的策略来找到一个愿意倾听你的愤怒的人。但对于一个孩子来说，要改变内在的应对机制并找到一种新的"愤怒语言"并非易事，这需要一个逐步学习和适应的过程。

练习 5
你儿时的愤怒

让自己沉浸在对愤怒的思考和感知中，并问自己：

★ 在发生冲突的情况下或是受到批评时，我该如何反应？此刻，童年的哪些事情会浮现在我的脑海中？

★ 我对哪些人的反应与其他人不同？更冲动还是更平静？这个人是不是让我想起了小时候的某个人？

★ 我是在忍耐怒火，还是惧怕愤怒的爆发？

★ 我在与哪些人的交往中敢于表达愤怒？为什么？

★ 我更纵容自己的愤怒还是他人的愤怒？是否曾经有过

> 上一秒还十分放松，下一秒却不由自主地勃然大怒的情况？
> 观察这些情况何时发生，并找出原因。请在愤怒日记中记录
> 下自己的发现。

面对批评或冲突时，我们可以用更成熟的方法来替代孩子气的策略。例如，可以思考一下我们听到的批评是否真的有道理，并与对方进行有建设性的对话。

了解自己过往的愤怒

托本今年 28 岁，他的姐姐一直说他是世界上最热爱和平的人之一，但他却经常因为女朋友突如其来的攻击性行为而大发脾气。"我愤怒怎么了？为什么我禁止自己发火？又为什么会突然暴跳如雷？为什么怒火让我感到难受？谁影响了我与愤怒的关系？"如果不是遇到这个女朋友，他可能永远也不会问自己这些问题。

从一开始，托本和玛仁就经常分分合合，因为玛仁十分善变。在一起两周之后，她就提议："托本，我们同居吧……"但是，仅仅两周后她又开始抱怨："托本，我需要自己的空间……"之后的一段时间，玛仁搬去了闺蜜家住。托本深深陷入对玛仁的爱中，不断地通过制造惊喜和送上充满爱意的礼物来讨玛仁欢心。事与愿违，两人越来越频繁且激烈地争吵。玛仁用言语攻击他，而且会因为鸡毛蒜皮的小事大吵大闹。托

第3章 你的愤怒从何而来?

本的姐姐多次劝他:"你不应该再这样忍受下去!"但每次分手后,玛仁都会真诚地道歉——那些和平的夜晚又让托本重新燃起了希望,他觉得一切都会好起来的。可惜情况还是反反复复,玛仁的攻击行为也在不断升级。之前她还只是用恶语相向的方式伤害托本,但现在她越来越频繁地开始动手,并且还会随手抄起身边的东西乱扔。一天晚上,她把托本的乒乓球奖杯扔出卧室,差点砸中托本的头。而托本则站在原地,一动不动。"滚出去!"他突然大声吼道。"出去!不然我就要爆发了!"托本整个人都在颤抖,脑袋发热,太阳穴后方一阵剧烈的跳动。"你给我滚出去!!!"托本这辈子从来没有发过这么大的火。

于是,这次分手成为最终定局,再也没有争吵了。他把玛仁的东西都放在走廊上,这样她就可以拿了走人。而自从这次发完脾气后,托本整个人都变了。他夜夜难眠,思绪万千,而且时常感到十分沮丧。他为什么要忍受这一切?他为什么不早点采取行动?"我怎么这么失败?"他感到自责。他开始喝比平时更多的酒,不再运动,也不见朋友。他唯一无法避而不见的就是他的姐姐。一天晚上,姐姐忍不住说:"你一直都不想像爸爸一样。可是,你现在简直跟他一模一样。"

托本的爸爸几年前死于车祸,事故的具体原因不得而知。妈妈过世很早,当时托本和他的姐姐分别只有16岁和18岁,在那之后,托本的爸爸就像变了个人,并且开始酗酒。其实他原本也是一个非常平和温柔的人,从来不会和孩子们大声说话。在托本的妈妈去世之后,两个年轻的孩子撑起了这个家，姐弟俩还用尽了办法，试图把爸爸从悲伤和麻木中解救出来，但都失败了。托本的爸爸无法用语言来表达他的痛苦。他把一切都埋在了心里。那天晚上，姐姐把托本和爸爸作比较击溃了托本的心理防线，他顿时泪流满面。这是悲伤的泪水，是为这些年来所有的天不遂人愿而流的眼泪。这也是愤怒的泪水，这是对母亲得了癌症无法治愈而感到愤怒的泪水；是对父亲在这种困难时期"抛弃"他和姐姐、独自日渐消沉而感到愤怒的泪水；也是对自己无法掌控人生，被一个连自己的情绪都不稳定的玛仁操控情感而感到愤怒的泪水。从那天晚上开始，托本第一次直面自己的感受、悲伤和愤怒。

不是每个人都必须像托本一样经历深刻的痛苦，才能意识到，当一个人无法感知和表达自己的愤怒时会带来的后果。如果你在压抑着自己的愤怒，那么我希望你现在能够认真对待它。因为也许我们中的大多数人都在成长的过程中由于某些经历而选择将部分感受深埋在心底，当我们最终正视这些感受时，我们才成为我们自己。通常，我们戴上有色眼镜，对感受进行心理预判，这导致我们无法了解自己最真实的感觉，因此被误导了。找出并清理这些积存已久的感受是一个颇为有趣且温暖治愈的过程，要做到这一点并非易事，可一旦做到了，我们就会收获更多。如果你觉得自己正痛苦地承受着情绪的伤害，请寻找一位导师或治疗师，他会陪着你稳定地度过一段情绪的旅程。在本书第 227 页，我已列出了相关信息和地址。

当感受是不被允许的

在现代文明中，一代又一代人变得越来越麻木。随着工业化进程的推进，许多人与人性的本真也渐行渐远。许多曾经需要人们亲力亲为的事情，现在都被机器和计算机所取代。曾经必须是人们从自家地里挖出来的东西，现在则被真空包装好，出现在商店里或者被直接送到消费者的家门口。如今的我们全都扮演着消费者的角色，我们的感受如何呢？在大屏广告、魔性音乐、短视频等的感官刺激下，我们自我洗脑，让自己相信内心并不存在的感觉，在老龄化的消费社会中表现得像一个个提线木偶。这样的代价也是巨大的——那些急功近利的人更容易被情绪所拖累。与此同时，瑜伽馆和养生馆如雨后春笋。关掉电源，放松身心，回归自我，这些诉求显然都是为了在压力重重的生活中找回自己。其实，我们每个人的内心都有这个空间，重要的是，我们必须允许自己感知它并重视它。

而讲到对个人感受起着决定性作用的因素，则是我们在童年时期是否被允许表达自己的感受，以及我们的家人和周围人如何对待我们的感受。人天生就有被爱和被重视的需求，这也是为什么孩子们总想要取悦父母。孩子会做很多事情——甚至所有事情——只为了满足父母的期望。但是，如果一个孩子原本的样子被全部接纳，并无条件地被爱，那么，这个孩子就可以自由地表达自己的感受，不论是愤怒、悲伤、快乐还是恐惧，他都不会因此受到惩罚或是被贬低。这样的孩子很有可能会认为感受是有益的，因为感受支持着他走向成熟，培养出具有自我意识和社会意识的性格。父母传递给孩子的东西大多是在不知不觉中发生的。而从小就被教导，认为某种感受是负面的人，往往在成年后也会无意识地将这一观点传递给下一代。

在可能性管理中有许多思维地图。这些地图也是生活中的向导，它们可以帮助人们在人际交往中如鱼得水，并积极地塑造良好的关系。如果你仔细研究这些地图，就可以更好地感知自己的感受和情绪，自己对它们的抵触，并且解密情绪背后的原因。现在，我们来看一下我为大家整理的关于愤怒的传统地图。以下假设深深地影响了我们中的许多人处理愤怒的方式，请仔细阅读：

愤怒的传统地图

感到愤怒是不好的，因为它是不文明的、吵闹的、具有破坏性的、不可预测的、粗鲁的、可能伤害到他人的、失控的、危险的、冒犯的、不成熟的、不被认真对待的、混乱的、尴尬的、让别人生气的、招致报复的、导致混乱和战争的、是不客观的、导致分裂的、令人不适的、不可接受的、毁灭性的、不知感恩的、卑鄙的、软弱的、不足的、不理性的。

如果愤怒真的如上面描述的那样，那么人们想要避免它是可以理解的。如果它让我处于如此糟糕的境地，或者如果我的愤怒会伤害其他人,那么,我绝对不会想让愤怒的表达和愤怒的能量进入我的生活。因为其他人很有可能会贬低我,甚至亲人也会远离我。那么,我会觉得:愤怒是不必要的!我宁愿没有情感,也不愿意变得有破坏性、可悲、天真和无能。当然,我们现在只是纸上谈兵。但是实际上,我惊讶地发现我遇到的许多人,无论是在我的指导实践中还是在其他地方,普遍对愤怒有这种刻板印象。刚开始听到愤怒可以为他们服务的观点时,大多数人都觉得非常荒谬。但是没关系,让我们暂且带着放松的心态和旧的假设继续练习,通过接纳愤怒的感受来激发自己的存在,让情感流动或释放出去。我经常遇到这种将自己的愤怒通过被动的方式发泄出来的人。

为什么去感受是值得的

对于克林顿·卡拉汉(Clinton Callahan)[①]来说,麻木和情感丰富是"同一颗心的两面"[18]。在更加了解愤怒及其传递的中性信息的过程中,首先我们需要思考一下,没有感受会怎么样,这一点很重要。根据克林顿·卡拉汉的说法,失去感受会带来许多后果,我将在下面列出其中的一些。在阅读完每一条之后请休息片刻,以便为你内心冒出的任何想法留出一些空间。

[①] 德国作家、演讲家,可能性管理(Possibility Management)体系的创始人之一。——译者注

当你没有感受时，会发生什么？

* 没有情感，盲目追随权威。
* 你获得一种虚假的安全感。
* 你甚至会自我洗脑。
* 你变得固执己见、独断专行。
* 你可能将所有人视为竞争对手，始终处于防御状态。
* 沮丧、无聊和绝望伴随着你。
* 你感到自己别无选择。
* 你感到被孤立，没有人在乎你。
* 你不断寻求新的刺激。
* 你总是心怀怨恨。
* 你容易因为琐事而生气。

总而言之，这意味着：如果没有感受，我们就会经常处于冲突和比较中。我们无法找到积极的关系空间，无法真正地交流思想。这可能会使我们看上去很孤单，也可能导致彼此的心真的渐行渐远。由此，我们会不自觉地用阴暗的一面来塑造人际关系，而不是用光明的那一面让彼此变得更紧密、团结。对他人的怀疑和偏见，最终会导致关系的破裂。

与此相反，当你有意识地进行感知时，你会得到截然不同的

反馈。在这里,我也想列举几项,你可以带着觉知,慢慢去实现:

> **当你有意识地进行感知时,会发生什么?**
>
> * 感知带给你信心。
> * 你是自己的权威。
> * 对自己和他人的欣赏让你的生活越来越美好。
> * 你有强烈的存在感并与他人保持联系。
> * 你倾听他人的倾诉,也被他人倾听。
> * 你积极争取自己想要的东西。
> * 你真诚地与人交流。
> * 你顾及当下的需要。你踏实坚定、寻求机会。
> * 你作出决定并为此承担责任。
> * 你汲取知识并投入创造。
> * 你乐于发现新事物并为此感到快乐。
> * 你和朋友在一起,体验团体的归属感。
> * 你不断成长。
> * 你变得越来越谦逊、富有同情心、充满爱意。

如果感知可以激发并促成以上这一切,甚至让你做到更多,那么选择让自己去感知应该是一件理所当然的事了吧,毕竟感受似乎让生活更真实、更生动、更充实了,不是吗?那么,到底是什么在阻止我们更有意识地去感知呢?

为什么我们总是习惯回到旧的行为模式并压抑那些对我们有益的感受呢?在下面这个练习中,请探索你对愤怒的态度。

练习 6
你愤怒时的样子

请自问自答以下关于你愤怒时状态的问题,并把答案写在你的愤怒日记中。

* 对我来说,愤怒有哪些负面影响?我如何看待愤怒?
* 愤怒对我产生了什么影响?
* 愤怒对别人产生了什么影响?
* 我喜欢愤怒的哪些方面?愤怒为我带来了什么?
* 愤怒给别人带来了什么?

在本章中,你探究了愤怒在你的原生家庭和个人背景中的意义。你有何发现?请再次在心中总结一下。除此之外,我们还探讨了愤怒的外在表现,以及有意识地感受愤怒带来的好处。现在你怎么看待自己的愤怒?你有什么愿望吗?

第 4 章
允许自己感受愤怒

无休止的咆哮让伴侣没法插嘴，砸碎盘子或损坏其他物品，扇了最好的朋友一记耳光，甚至其他更糟的暴力行为——不论什么时候，总有一些人会盲目地愤怒。这样的事令人难以释怀！因此，愤怒常常被详细地还原为那些不堪的场景，并且通常被视为一种消极的破坏性力量。但是，愤怒的表达方式并不能完全定性它究竟是一种什么样的力量。

如果你发现毛衣下面衬衫的衣领乱了，有点难受，那你大概率只是感到有一点不爽。但是，这少量的能量也足以让你将衬衫领子从毛衣下面拉出来，并仔细地重新折好。如果早上闹钟响了，把你吵醒了，但你想再躺一会儿，不要把由此产生的起床气用在对闹钟大喊大叫上，而是用在一鼓作气地起床上。如果你因厨房乱到一塌糊涂感到愤怒，那么，运用愤怒的能量帮助你快速地投入整理中去吧。在日常生活中，多注意什么时候、什么事情困扰着你，你是否采取了行动。愤怒会在日常生活中告诉你什么是错误的，并且为你提供解决问题的能量。愤怒赋予我们改变的力量！

> 愤怒是一种能量，
> 其中蕴含着改变的力量。

想象一下：早上，你和老板有个重要的会议，你准时离开家，甚至提前5分钟到了公交车站。站台上只有你一个人。当看到公交车驶来时，你向前走了一步，但令人无语的事情发生了：公交车没有停，而是直接开了过去。此时你有什么感受？你生气吗？身体哪个部位的感受比较明显？你的感受有多强烈？你会作出什么反应？

23岁的伊娃看着公交车，一头雾水，然后拿出手机，开始和朋友发消息。伊娃并不生气，她不在乎情况如何，甚至不去想有什么后果。她准备跟老板说一下情况，毕竟公交车直接开走了也不是她的错。

51岁的艾琳大声骂了一句"天杀的！"，接着她立马打起精神，拿出手机约车，这样她至少可以准时赴约，不会迟到了。她还准备晚些时候一定要向市交通公司投诉这名公交车司机。

41岁的伯德僵硬地站着不动，然后他对着已经拐弯的公共汽车骂了几句。随后，他摇了摇头，伸手拿出随身携带的

第 4 章 允许自己感受愤怒

一小瓶杜松子酒,啜了一口。

感受对我们来说,并不总是一件好事。感受可以丰富我们的生活,但也可能会使生活变得更困难。根据创伤研究学者彼得·莱文(Peter A.Levine)的说法,如何在感受——情绪的迷宫里行走,对我们的生活质量至关重要。而其中关键在于,我们的情绪是可自我调节的还是失调的。[19] 可自我调节意味着可以根据情况适当地表达情绪,而当情绪的表达被压抑时则是失调的。情绪越失调,人们越容易陷入情绪的大起大落,甚至发展成情绪休克或爆发,或者变得越来越压抑。如果情绪始终没有被表达出来或是被持续否定,问题就会不断恶化。最终,不是造成糟糕的负面结果,就是导致情绪大爆发。

考虑到这一点,让我们再回头看看伊娃、艾琳和伯德的反应。现在,我们也就能够理解为什么艾琳是在这种情况下做得最好的那个:她察觉到了自己的愤怒,并且通过骂人表达了自己的不满,然后就着手解决问题,确保自己不会迟到。对艾琳来说,愤怒成了帮助她快速作出决定并采取行动的好向导。

尽管生气是完全合情合理的,伊娃却没有生气。她没有感觉,并且忽略了情况的棘手部分,即她将在与老板的重要会议上迟到,通过和朋友聊天分散注意力来抑制自己的感受。她的麻木感甚至到了让她完全忽视后果的地步。对老板来说,伊娃不守约已经不是一次两次了,恐怕等劳动合同到期,老板是否还会和她续约都要打一个大大的问号了。如果伊娃能够意识到自己的感受,她会更加积极地行动,行为也会更加得体。

伯德则是个酒鬼,他已经习惯于在酒精的帮助下淡化不愉快的感觉,这些感觉通常与过去的情绪有关。酒精虽然让他暂时摆脱了不快,但也让他变得被动,对自己的生活缺乏责任感。

如果我们没有感知自己的愤怒

我最近听了神经生物学家和脑科专家吉拉德·胡特尔(Dr. Gerald Hüther)[20]主持的一期播客。胡特尔教授通过神经生物学的方式阐释了为什么有很多人避免感知自己的感受或压抑自己的情感,甚至麻痹自己。吉拉德·胡特尔教授进一步解释道,大脑总是寻求尽可能少地使用能量进行运转。所以,我们总是想尽可能地避免问题,只有在实在不可避免的时候才会去思考。当大脑中的一切都能很好地自洽,我们的需求都得到了满足,也没有任何困扰,这样的状态是最好的。大脑研究人员称这种状态为"内聚连贯"。这种情况下,我们的思想和行动、感受和经历,都与现实及期望相符。如果我们觉得自己在生活中过得很不错,有一个相爱的伴侣、一份充实的职业、一个有保障的工作岗位,有朋友和良好的社会关系、自然环境和文化体验——一切都非常和谐,那么大脑基本上处于平和状态。但是,如果我们刚刚经历分手,正在找新的工作,或者感觉自己无法很好地融入社会,那么,我们的大脑就需要做更多的事情来尽快结束这种不和谐的状态,由此也会消耗更多的能量。一旦恢复秩序,即内聚连贯,大脑中的神经递质就会确保我们感到快乐和满足。不仅如此,解决问题后,我们的大脑建立结构并且实现稳定,新的突触形成,大脑进一步发展。因此，虽然内聚连贯是理想状态，但它不可能一直持续。即使有时候找到的解决方案不尽如人意，但是，只有通过经历冲突和不断地寻找解决方案，我们才能更好地学习并领悟该如何生活。

总是随身带着一小瓶杜松子酒的伯德习惯了用酒精解决问题，这会让他产生一种类似于内聚连贯的感觉，因为酒精会激活我们大脑中的奖励系统，从而产生愉悦的感觉。于是，伯德再也看不到问题了。短期来看，酒精可以减轻他的压力，但从长远来看，酒精会带来越来越严重的问题。流行病学家乌尔里希·约翰（Ulrich John）在格赖夫斯瓦尔德大学（University of Greifswald）主导的一项研究中发现，酗酒者的平均寿命比非酗酒者短约 20 年。[21] 更不用提，酗酒者要戒掉酒瘾有多困难了。

伊娃甚至不对直接开走的公共汽车感到适当的愤怒，而是通过聊天来分散自己的注意力，这在她的大脑中表现为一种节能策略。因此，她要改变自己积久成习的行为模式也并不容易。压抑、掩饰自己的不愉快，或是通过购物、看电视、玩电脑游戏或者吃饭等行为来转移自己的注意力，都是节省大脑能量以保持内聚连贯的一些策略。事实上，压抑或隐藏感受——尤其是愤怒的感受——剥夺了我们根据自己的需要进一步发展的机会，从而也剥夺了我们因为美好的经历或者达成了重要的成就而感到幸福和满足的体验。

除此之外，克林顿·卡拉汉也对这些情绪应对策略进行了研究。他认为，当我们不想面对和感受情绪时，工作、疲劳、冷嘲热讽、揶揄、思考，以及运用智慧，都是成功的策略。但是这些我们用来压抑不愉快感觉的解决方案，同时也阻止了我们在当下作出适当的反应。许多人关闭自己的感受,把生活过成麻木不仁的状态,当真的出现问题时,他们也不再有什么感觉。所谓"麻木阈值"[22],指的是我们对于会影响身体的感受的感知水平。如果你已经丧失了认为自己需要改变的感觉并且不能够主动改变自己时,就说明你的麻木阈值已经达到了较高的水平。例如,伊娃的麻木阈值就非常高,所以她会对迟到造成的后果漠不关心,完全没有考虑这将对她的工作造成影响。她将责任归咎于公交车司机,认为自己没有必要采取任何行动,因此她不会感到愤怒和恐惧,并且认为自己可以继续在消极的状态中保持放松。

如果你像伊娃一样,不觉得自己需要作出任何改变,那么你就没有理由积极行动。你麻木不仁,成为一名随波逐流的受害者。然而,为了能够焕发活力,你需要感受!只有当你察觉到自己的愤怒,降低麻木阈值时,你才会意识到自己哪里不对劲,进而采取行动。因此,我希望你多观察自己是否在日常生活中感受到愤怒,或是感受愤怒的强度。在开始练习之前,我想再介绍几种不同的愤怒表达方式,以及其背后的原因。

当火苗飞舞

有时,麻木阈值过高,导致你完全没有注意到自己的愤怒,并在日常生活中处于一种麻木冷漠的状态,即你觉得一切都无关紧要,只有当愤怒已经在身体中积累到一定程度时,你才感受到自己的愤怒。因为你长时间地压抑或故意忽视诸如"这让我感到有些难受"等感受,所以导致了这种情况发生。你知道自己有一个想法，但是为了不与别人发生矛盾，或者出于对发表意见后可能产生的结果的恐惧，你选择沉默。如果是这样，随着时间的推移，被压抑的愤怒会酝酿成一种长久的情绪。这时候，只需要一个小小的火花，就足以引爆你内心的怒火，导致强烈的愤怒爆发。而且这种看似突如其来的怒火往往伴随着暴力，并且极具破坏性。

有些人一直压抑着自己的愤怒，以至于当他们突然对另一个人大喊大叫或者愤怒地冲进办公室时，自己都会被吓一跳——"那真的都不像我了"。事实上，这种出乎意料的愤怒爆发可能表明你过于频繁地压抑和消化了自己的愤怒。你错过了许多机会，来表达你认为有问题的情况，你感到不舒服。被压抑的愤怒不会消散，只会累积在心中。比如，也许你没有及时给同事设立界限，你一遍又一遍地答应着"好的"，但你的内心其实很恼火，为什么为了按时完成项目而加班的总是你。也许你没有尽早教导孩子参与做家务，而是默默地带着越来越多的抱怨，独自干完了所有的活儿。也许你没有告诉朋友，其实你很生气，因为他一直没有把拖欠很久的钱还给你，而你只是越来越疏远他。你没有直接表达愤怒，而是把怒火发泄到其他地方。

如果你觉得自己根本就不懂愤怒，不属于那种应付自如的类型，那么我希望你再仔细地观察一下自己。你是否曾在几天或是几周之后才意识到自己在当时的某种情况下是感到不舒服的？在伴侣关系中、在工作中，以及在日常生活中，你的愤怒去哪儿了？你知道自己压抑着的怒火在什么地方偷偷地发泄出来了吗？你能把当时出现的身体症状进行归类吗？如果愤怒持续数周、数月，甚至数年之久，那么争吵、分居、动手的风险比起立马处理愤怒要高出很多倍。

如果你知道累积的愤怒最终会爆炸性地发泄出来，那么从现在起，你可以更多地关注日常生活中那些让你感到不安却没有说出来的事情。仔细观察，你感觉不到愤怒或是试图避免感受愤怒的频率。是因为你小时候就被教导不要表现愤怒，还是因为社会让你尽可能得体、合群的规训，导致你已经忘记了如何表达愤怒？你要明白，也许压抑愤怒是你小时候在家里或是在学校与人好好相处的唯一解决方案，但如今的你不再是那个小孩子了，现在你可以重新决定如何对待你的愤怒。如果你决定让自己的愤怒再次融入生活之中，去感受它，你就会体验到愤怒有多么有益，以及你应该如何以建设性的方式表达它。除了只会唯唯诺诺的顺从者，还有永远在愤怒的抗议者以外，我们的社会更需要那些能够客观地表达他们的不满并且提出建设性意见的人。

被动攻击

当某件事对你造成了困扰或是让你感到恼怒，但你又不想直接说时，一种典型的回复是："好吧，如果你这么想的话……"被动攻击状态下的人不会进行真诚的交流，也不会挑起冲突，他们会寻找一种间接的方式或发出隐晦的信息，来让对方难堪。有这种行为的人一方面表现出友好和合作，另一方面又从背后表现出攻击性、嘲讽挖苦、自我防卫及否认。他们总能以矛盾别扭的态度让周围的人感到困惑和不适。如果你问一个被动攻击型的人："你生气了吗？"他可能会说："没有啊，你怎么会这么想？"甚至

第 4 章 允许自己感受愤怒

再加上一句"你怎么这么敏感啊",把责任全推到你的头上。他们看起来真是卑鄙又狡猾——先以友好的方式对待你,然后就开始嘲弄别人——根据维也纳精神病学家和心理治疗师拉斐尔·博内利(Raphael Bonelli)[23]的说法,其实这种行为通常不是有意为之。被动攻击型的人并不直接地将贬低、拒绝、忽视和防御表达出来,他们往往没有意识到自己愤怒的感受。被动攻击型的人常不自觉地压抑愤怒,以至于当内在的感受越来越满的时候,就不得不被动地向外溢出,于是他们就会被动地攻击他人,但又不愿意承认。这种情绪模式不仅对当事人和周围的人有害,从社会稳定方面来看也是一种隐患。

被动攻击型的人具有在群体中主导整体氛围的能力,例如,交叉着双臂坐在人群中,在别人说话时无聊地打哈欠,迟到或是不间断地说话,不让别人开口。他们知道如何用自己的情绪影响其他人,并表现得好像自己是最无辜的那个。通常,旁人要么缺乏勇气指出这种被动攻击的行为,要么根本就没有察觉到异样。被动攻击型的人经常将自己描绘成受害者,因为这正是他们内心的感受。

比如,当父母在孩子做了他们不认可的行为时,通过剥夺爱对孩子产生威慑,这也是一种被动攻击。所以有些孩子从小就可能承受着被动攻击。只是因为孩子做了父母眼中错误的行为,他们就开始不跟孩子说话,不给他讲睡前故事,或者是通过其他方式无视孩子的需求,这都在传递一种讯息:"我比你强大,你就是错了。"这样的惩罚方式,对孩子来说是沉重的负担,他们会感到难过,认为自己不值得被关注和照顾,还可能产生强烈的负罪感。

如此一来孩子无法学到如何有建设性地处理冲突，而孩子正是在与父母的关系中学习如何生活的。

在一项长期研究中，美国心理治疗师洛娜·史密斯·本杰明（Lorna Smith Benjamin）和斯科特·韦茨勒（Scott Wetzler）发现，被动攻击型的人在童年时期常因暴力或胁迫而服从，不敢公开反抗。[24]还有一些情况是，父母没有体会到任何反抗，孩子就自行选择了退让。如果我们在小时候就不敢公开反抗，那么成年后的我们也不敢这样做——除非我们能察觉到自己从小受到的影响，寻找到被压抑了的反抗的感受，并学会以新的方式对待愤怒。

练习7
每日检查：发现你的愤怒

最好连续几天做这个练习，并定期重复。内省是发现自己愤怒力量的第一步。

在日常生活中观察自己，随时随地：为家人做早餐时、在超市收银台前排队时、与伴侣交流时。当有事情困扰着你的时候，尽力感知。问问自己："我有什么感觉？"看看你是否能感知到愤怒。如果你发现有什么事情困扰着你，尤其是当身体向你发出信号时，请问问自己："我怎么了？""此时此刻，如果用百分比来衡量，我感受到多少愤怒（从1%到100%）？"

观察你是否表达了自己的愤怒以及你的表达方式。你会

> 尽力避免争论或矛盾吗？当你表达生气和愤怒时，你是怎么做的？你会变得很大声吗？还是你会选择轻轻地、不痛不痒地表达？你是否倾向于将愤怒的情绪留给自己，例如，紧张地啃指甲？只进行感知，不要作任何主观判断。
>
> 在愤怒日记中写下你注意到的事情。不要去评判它，对你所感知到的保持好奇。例如："如果人家没看到或者没认出我，我就会感到愤怒。"

感受到改变的渴望

你自我麻痹的界限在哪里？在什么情况下，你会决定去感受自己的情绪？愤怒会告诉你改变局面的方法。有时，这种改变可能很小，比如关上门，因为外面的寒风让你感觉很冷。有时则可能涉及重大决定，比如与伴侣进行深度对话，让你们的关系更加亲密；或者是下定决心找一份新工作，一份你终于可以发挥自己潜能的工作。

所有人都可以表达出不同程度的愤怒。但是，选择什么时候大声、什么时候安静地作出反应，允许自己作出哪种表达来体现自己的愤怒，这往往取决于我们的经验——但是，我们并不总是能够根据情况作出适当的反应。如果孩子要挣脱我们的手跑到街上，那么，对蹒跚学步的孩子大声喊"停下！"是合适的。但是，在团队会议上，只是因为同事浓密的头发挡住了你看 PPT（演示文稿）的视线就大声斥责他，这是不合适的。仔细探究怒火背后的原因，这样下次才有可能改变自己的行为。例如，如果同事经常把车停在你的停车位上，而且对于你提出让他另择一个停车位的要求充耳不闻，那么，你用更清晰、更严厉的声调跟他沟通，就是非常合适的做法。如果在会议上爆发的愤怒背后是多年来酝酿的情绪，那么，你就应该认真思考如何关注并治愈这些被压抑的情感。你是不是希望自己能够取悦所有人，手头总是有现成的解决方案，还希望自己人见人爱？一种改变的方法是开始更多地倾听身体发出的信号。通过这种方式，你将逐渐更好地了解自己的感受，并了解什么是对你真正有益的，什么对你来说是最重要的。更接近自我，更好地了解自己的感受，不仅是一件有趣的事，还会激发你改变的渴望。如果你有改变自己的愿望，那就大胆认真地去做吧！如果你不再把他人的期望置于自己的需求之上，会发生什么？接下来的章节将帮助你更仔细地审视自己的愤怒，并找出它在各种情况下试图向你传递的讯息。

第 5 章

愤怒有讯息要告诉你

"当我发现男朋友出轨时，我气到睁不开眼睛！""同事又想把她的工作丢给我做，气得我脖子都粗了！""虽然只是因为拿铁洒在了新衬衫上面，但是那一刻，我气得失去理智，把桌子上的东西全都摔到了地上！"当我们提及愤怒的时候，往往会归咎于让自己如此愤怒的人或事。这是因为大多数人都会对自己冲动的行为感到不舒服，所以如果能够找到合理的理由，我们就可以更好地自洽。例如，出轨的男朋友，或者是我们认为具有攻击性而且自私的同事。我们试图通过这种方式对待愤怒，向自己解释发火的原因，甚至可能为发了火而道歉，因为我们心底其实很排斥愤怒，并且认为愤怒是一种负面的行为。但是，如果是我们自己不小心把咖啡倒在了新的真丝衬衫上呢？这件小事明明是那么微不足道，甚至跟其他人没有一丁点儿关系，为什么我们却会感到如此强烈而且过度的愤怒呢？这种愤怒背后的原因是什么？下面，让我们来看看哪些不同类型的经历会激起我们的愤怒。

我们会因为什么而愤怒

哪些情况下你会生气？什么事会让你真的很不爽？有没有某些特定的事，总是会破坏你的好心情？比如，楼下的邻居把楼道搞得乱七八糟：一大堆鞋子、空纸板箱、一袋垃圾、好多水瓶，还把盆栽的土弄得到处都是。况且，楼道守则明明就贴在一楼大堂，明确规定了不得在楼道存放私人物品，更别提扔垃圾了，那太过分了！而根据心理学家维蕾娜·卡斯特（Verena Kast）的观点，当其他人违反了你自己认真遵守的规则时，你会感到很生气。而且当你为了遵守规则付出得越多，别人违反规则的行为就会让你越恼怒。[25]

小时候，妈妈不征求你的意见，就上手给你擦嘴巴或是用手帕给你擦鼻子时，你会气得小脸通红吗？你觉得这太过分了，所以即使到了现在，只要有人自说自话地触摸你，即使只是友好地拍拍你的肩膀，你也会作出敏感的反应。如果我们把其他人的行为当作侵犯我们身体界限的行为，我们就会感到不爽或是愤怒，愤怒的程度取决于对方跨越我们界限的严重程度。我们是否以及如何表达我们的感受是另一个问题。2017年以来，#MeToo运动席卷全球，大家通过社交网络公开日常生活中发生的性别歧视、人身攻击和滥用权力的行为，这清楚地表明了近几十年来，很多人出于羞耻或恐惧，压抑了自己的愤怒。

不仅身体上的越界会引发愤怒的感受，语言上的贬低和歧视也会引起我们的愤怒。如果我们不被认可和欣赏，或是我们的努力没有被看到，或者有人向我们刻意隐瞒重要的信息，那么，我们一定会或多或少地感到愤怒。有时，即使日常生活或是工作一切顺利，我们感觉良好，甚至不一定需要和别人产生摩擦，一个微小的意外就足以破坏这份好心情——比如，衬衫上的一小块咖啡渍都可能会让我们大发脾气。

总结可能触发愤怒的因素

精神上的越界

* 自尊受到攻击

* 贬义词

* 被辱骂

* 不被尊重

* 被忽视

* 被利用的感觉

* 被背叛的感觉

* 被抛弃的恐惧

身体上的越界

* 过于强烈和不恰当的身体接触

* 遭受攻击

* 暴力行为和性暴力行为

> **令人不安的情况**
> * 他人违反规则
> * 日常生活或工作流程中的意外干扰

维蕾娜·卡斯特（Verena Kast）总结如下："在身体、心理和社交方面干扰或损害自我保护和自我发展的一切事物，都会引发我们的不快和愤怒。"[26] 因此，当我们感到失望或受伤时，愤怒便随之而来。这种情绪往往带来紧张感，提醒我们问题所在，并促使我们采取行动以改善现状。

愤怒让你知道自己需要什么

愤怒是一份礼物，它可以让你了解自己未被满足的需求，并且可以帮助你在生活中获得更多的满足感和亲密关系。马歇尔·罗森伯格出于对人类行为的好奇，研究了暴力和剥削的根源。他认为，当我们在内心对其他人进行评价或判断时，就容易产生愤怒。在表达愤怒时，我们着重于未被满足的需求，并为此责怪对方。为了更好地理解和体会他人，我们需要具备同理心。因此，我们应该接纳自己的愤怒，而不是排斥和谴责它。如果你把愤怒视作自己有问题的讯号，认为愤怒是负面的，并且试图压抑这种愤怒，那么，你就无法接收愤怒向你传递出的真实信息。

马歇尔还与暴力罪犯和连环杀手进行了交谈。这些罪犯在他们周围人的描述中往往都是友好而不起眼的形象。在出事之前，

第 5 章 愤怒有讯息要告诉你

他们根本无法想象这个人会失去控制、犯下恶行。但是，我们并不能将压死骆驼的最后一根稻草和罪行直接关联。并非所有压抑愤怒的人最终都会成为暴力罪犯。更多的情况是，很多人会将积累的愤怒转向自己，自我贬低、自我伤害，甚至产生自杀倾向，有些人则会陷入抑郁。因此，学会敞开心扉，满足自己的需求是很重要的事情。人由于被压抑的愤怒而滋生出的暴力——无论最后是用来报复他人还是惩罚自己——清楚地表明了这个人未能重视和满足自己的需求和欲望。

29 岁的亚里安是一名暴力预防培训师。十几岁时，他陷入了暴力和犯罪的旋涡。在 19 岁被判缓刑之后，他改过自新，走上了不同的道路。谈及那段时光，他仍感慨万千："在审判结束时，法官问我想要什么样的生活。我还很年轻，我可不想在监狱里度过一生。我感到非常困惑和迷茫。这位法官问我，不，应该说这是开天辟地头一回有人问我有什么愿望。我从来没有想过这个问题，所以，我开始不停地思考。我发现，原来我此前从来不知道自己想要什么。我突然意识到：从我还是个孩子的时候起，我就好像永远生活在不被看见的角落。我是我爸妈的第五个孩子，我从来没有属于自己的东西，用的全是哥哥姐姐剩下的东西，玩哥哥们的破玩具车，不管在什么方面总是靠边站。如果我发牢骚，哥哥马上就会一拳打在我身上。所以，我其实经常生气，却从不表现出来，况且也没有人在意我高不高兴。后来我们搬家了，我结识了新的朋友。我当时觉得这帮人可真是太酷了，他们从不会被人忽视。如果他们觉得有必要，即使需要动拳头，也要达成自己的愿望。于是我加入了他们，跟他们在一起的时候我觉得自己也很强硬。后来我跟他们一起实施了几起入室盗窃，我负责望风，是个边缘人物。但幸运的是，如果我不是边缘人物，也就不会被判得这么轻了。

"几个月之后，我遇到了我的妻子。现在，我们有两个孩子。我在暴力预防协会也已经工作了好几年。很多年轻的男孩和女孩因为不知道想要什么样的生活而犯下愚蠢的错误。对我来说，现在的工作是最好的工作，我可以像当时的法官一样，帮助别人重新审视他们的生活，改头换面，并且为自己的所作所为承担责任。作为父母，我也会注意在对待孩子的时候，要跟我的父母不一样。我会花时间陪伴他们，重视他们的想法，倾听他们的心声。"

亚里安在童年时期没有足够的个人空间。你是否了解自己在哪些情况下，会感觉被忽视，需求未被满足，从而对此感到愤怒呢？

> **"**
> 愤怒是内心的警告信号。
> 它让你感知到自己的需求未被满足。
> **"**

为什么感受比思考更有帮助

如果将引发愤怒的导火索与愤怒的原因等同起来，我们就犯了方向性的错误。例如，当我们认为"因为男朋友背叛了我，我才这么愤怒。我这么生气完全是他的错"，实际上，伴侣的欺骗是我们愤怒的触发因素，而不是原因。当我们被背叛时，我们可能会有强烈的情绪感受，会感到受伤、被贬低和羞辱。对对方的愤怒会分散我们的真实感受，尤其是我们未满足的需求。处理愤怒的有效方法之一，也是非暴力沟通的目标，就是明白：

> **我生气的根本原因在于我自己。**

马歇尔·罗森伯格认为，在一定程度上，我们对他人所作所为进行评估的方式导致了恶意愤怒的产生。当我们将他人的行为视为出于恶意动机时，愤怒便随之产生。例如，如果你认为男朋友忘恩负义，即使你为他付出了那么多，他还是背叛了你，然后你就会对他的行为进行评判，并将自己的愤怒归咎于他的行为。马歇尔·罗森伯格将这种思维方式归因于人的语言使用——将坏的、恶意的行为归咎于他人是人的本性。我们需要打破这种思维方式。当意识到对他人的判断才是我们愤怒的原因时，我们就迈出了第一步，开始以不同的方式对待自己的愤怒并解读其背后真正的信息。对他人的评判只不过是对我们未被满足的需求的一种扭曲的表达。如果你的男朋友背叛了你，那么，对他的行为作出批判并不会对你有任何真正意义上的帮助。只有当你不再沉浸在那些关于过错和赎罪的想法中无法自拔，转而关注自己的情感世界时，你才能感受到最重要的事：接纳自己的感受。是的，你认同自己的愤怒，因为伴侣出轨是他的错误；是的，你认同自己的悲伤，因为你无法改变这件事的发生；是的，你认同自己的害怕，因为这可能意味着你们的关系会终结。当你感知到这些时，其实你也在认可自己对一个好伴侣的渴望，会意识到自己之前的眼光不是很好。伴侣出轨显然是一件非常棘手、让人身心俱疲的事，但是这种经历带来的影响却因人而异。

发现愤怒背后的讯息

（根据马歇尔·罗森伯格的理论）[27]

★ 找出愤怒的诱因

★ 你要意识到，你生气的原因是你作出评判，认为自己能够指责他人犯了错

★ 认识到评价背后的愤怒所传递出的讯息：你有什么需求没有得到满足？例如，在评价伴侣"忘恩负义"的背后，可能隐藏着你对自我发展的需求。如果你想取悦别人，就会忽视自己。

以下练习旨在帮助你发现自己愤怒背后未被满足的需求。

练习 8

愤怒背后未被满足的需求

回想一下你因为别人而非常生气的情况。这可能是在生活中或是工作中发生的一个场景。你生气的原因是什么？发生了什么？你脑海中浮现出什么样的画面？你觉得究竟哪里有问题？现在回想一下，你对这个人作了怎样的判断。在你的想法或是在你们的争论中，你认为他有什么不好的动机？完成以下句子："我感到很生气，因为我认为对方……"现在，再次代入一下当时的情景。你的愤怒背后可能有什么未被满足的需求？当时，你觉得少了什么？你意识到自己的什么需求？请思考后，在愤怒日记中记录：当你生气时，你会对别人作出什么判断？在每种不同的情境中，这些判断背后可能分别隐藏着哪些需求？

保罗·瓦茨拉维克（Paul Watzlawick）[①]在自己的著作《不幸指南》中，讲述了一个男人想挂一张照片的故事。他有钉子，但是缺一把锤子。男人决定问问邻居，但随后他产生了怀疑，一系列

[①] 保罗·瓦茨拉维克（Paul Watzlawick, 1921—2007），奥地利心理学家，专长沟通理论与心理治疗，主要著作有《不幸指南》《现实有多现实？》。

想法开始在脑海中盘旋：他想，如果邻居不想把锤子借给他，他该怎么办？他记得昨天见面的时候，邻居只是匆匆地打了个招呼。会不会邻居是在假装赶时间呢？会不会邻居其实心里对他有意见呢？这个男人继续思考，假设现在是邻居需要工具，那他会毫不犹豫地借给邻居。但是，邻居会借给他吗？不太可能！这个人考虑的时间越长就越生气，觉得这么简单的一件小事儿邻居都不愿意顺手帮一下。想着想着，男人越发怒不可遏，于是他跑到邻居家门口按了门铃。门一打开，他就冲着邻居吼道："好好留着你的锤子吧，你这个恶人！"[28] 显然，这个男人非常冲动，他根本还没有问过邻居是否愿意帮他，就向邻居发泄了怒火，因为他有着被邻居看到和重视的期望，但他并没有感知到自己对于被忽视的恐惧。最后，他甚至暗示自己，邻居是在故意轻视他。所以，他怕邻居真的不把锤子借给他，这种情况下，进攻对他来说似乎是最好的防守……但是，天知道邻居是不是真这么想的。

当其他感受掩盖了我们的愤怒

婴幼儿抗议是因为他们有要改变的需求。例如，他们尖叫是因为尿布湿了、饿了，因为太冷或太热，或者因为累了。他们通过愤怒的表达来提醒父母他们的不适。这样做的目的是获得关注和关爱。愤怒是他们寻求帮助的一种呼声："别让我一个人待着！照顾好我！"根据家人对你小时候的抗议的反应，你就会知道你的愤怒是否受人欢迎。让孩子哭泣直到他们停止抗议的父母是在教导他们的孩子，抗议是无效的，孩子寻求帮助的呐喊不会被重视。

父母可能会觉得不再抗议的孩子很省心，但孩子失去的却是生命中一种重要的力量。这种情况下，孩子开始尝试其他替代办法。

小时候，当我的愤怒没有被听到或是没有得到渴望的关注时，我会产生另一种情绪，比如悲伤。如果我曾经通过眼泪和哭泣达到过目的，那么我就会内化这种经历，我会认为愤怒没有用，而悲伤可以帮助我。

薇薇安·迪特玛（Vivian Dittmar）描述了当我们感到悲伤、恐惧或喜悦，而不感到愤怒时，会发生什么。[29] 当悲伤取代了愤怒时，我们会感到无助，而不是产生改变的力量。我们将自己视为受害者，感觉没有能力影响身边的人或是周围的事。我们遭受了巨大的痛苦，却缺乏改变现状的冲动，无法变得积极起来。我们会觉得一切都没什么问题，没有人做错，只是很遗憾、很无奈。当我们感到被困在无助的悲伤中时，这种由愤怒错误演化而来的悲伤情绪往往会导致抑郁。当恐惧取代了愤怒时，我们就无法行动了。我们发现一切都很糟糕，并选择在恐惧中闭上双眼——无论是面对我们认为有问题的地方，还是对我们内心渴望改变的力量。我们将不符合内心秩序的一切都视为具有威胁性。这样看来，一切都是可怕的，因此我们无法接受。而如果是喜悦取代了愤怒，我们会透过玫瑰色的眼镜看待一切。作为愤怒的错误替代情绪，喜悦启动了一种激进的镇压机制，任何我们认为不正确的事情都必须被忽略或重新评估。它也使我们对待关系时变得随意而肤浅。

然而，当愤怒替代了其他感受时，情况同样不容乐观：当愤怒替代了悲伤时，我们痛苦地感受着自己的局限性。激发我们作出改变的愤怒的力量，全都成了无用功：失去的东西再也无法改变。对这种境遇的愤怒越来越强烈，积累的能量越来越多，可是这些能量都无法被使用，反而堆积起来。然后，这些无法释放的能量可能会转化为身体症状。当愤怒取代了恐惧时，我们就会认为未知是错的。面对陌生的人或事物，我们无法感受到恐惧，而是将其直接否定。种族主义的基础正是将恐惧错误地导向愤怒：不了解的、陌生的人和事物就不应该存在。而当愤怒取代了快乐时，我们开始吹毛求疵，再也看不到美丽的事物，一切都必须被批判，所有潜在的缺点和危险都必须被重视。在这种情况下，我们可能会幸灾乐祸，冷嘲热讽也成了愤怒的一种表达。

当愤怒被压抑并且被另一种感受取代时，我们会错过愤怒的信息，错失愤怒的力量，可正是这种力量才能促使我们作出改变，得到发展。

小结

通过本书的第一部分，你能够更好地感知自己愤怒的力量及其背后的需求。以下是五个核心论点的概述：

* 你的身体向你传递了讯息，你需要感知它们。如果你忽视自己的需求，你就会失去生活质量，健康也会受到威胁。

* 此时此地的感受为你服务，过去的情绪需要去面对和疗愈。

> * 早期的印记往往决定了我们的感受：改变之前幼稚的愤怒表达方式，并挖掘新的形式。
>
> * 允许自己感受愤怒和它所蕴含的积极力量。你的愤怒蕴含着改变的力量。
>
> * 听听你的愤怒向你传递了什么信息。通过愤怒来感知自己的需求吧。

接下来，在本书的第二部分中，我还将列出许多方法，你可以通过这些方法更好地了解愤怒所蕴含的力量，并在人际关系、私人生活和工作中进行实验。

第二部分

拿你的愤怒做实验

第 6 章

良好的关系需要清晰的沟通

愤怒可以帮助我们提升人际关系，使其更加丰富、更加明确、更有活力。有些人没有意识到愤怒的力量，相反，他们成了温顺的大女孩或是大男孩，作为成年人，他们努力取悦伴侣，就像曾经取悦父母一样。但这听起来并不像是一种理想的关系模式，对吧？一开始，一切看似完美，情人眼里出西施，我们对对方的所有缺点都视若无睹。毕竟，人在恋爱时会处于一种特殊的状态，在激素的作用下，我们的生活与伴侣十分紧密地结合在一起。新的"我们"指导着我们的感受和行为，也许我们会在短时间内就决定要同居，然而，当激情退去，你逐渐清醒，开始清楚地感知到自己的感受、信念、边界和需求。于是，我们又变回了你和我——夫妻陷入深度关系危机的情况并不少见。当你注意到对方在家里随处乱放衣服、化妆品和其他个人物品时，你突然开始变得烦躁，愤怒地作出反应。愤怒让你意识到对方正在触犯你的界限，践踏你对秩序感的需求。在这种情况下，与对方进行清晰明确的对话于双方都有好处。相反，大家往往会陷入互相指责的怪圈——"你每次都这样……""你总是……"。但是，一味地指责不能帮助我们改善任何情况。最理想的沟通方式是双方都能开诚布公、直言不讳,即明确各自的立场,不要贬低、限制,甚至攻击对方。然而,许多人很难做到在彼此尊重的情况下,清楚地表达自己不喜欢什么。这究竟是为什么呢?

在一段关系中,感受到的不是快乐,而是沮丧

6月一个周六的早上,阳光明媚。凯和斯维塔都是快40岁的人了,通常他们没有什么特别的周末计划。凯是一名老师,一如既往地在为即将到来的教学周作准备。斯维塔是一名办公室文员,一般会在周六安排采购生活用品。趁着这天天气好,她想着和凯一起找点事儿做,并有了些初步的想法。吃早餐的时候,斯维塔问道:"一起在湖边骑自行车吧,怎么样?"凯想了想,回答说:"嗯,再说吧,我得先把课准备完。接下来这周会挺忙的。"斯维塔很生气,她觉得凯不想和她一起做任何事,但是她什么也没说,早餐过后就去购物了。下午,她又随口问道:"今晚我们找家花园餐厅,吃点好的吧?"于是他们去了,但当晚两人之间的气氛并不是很好。凯搂着斯维塔问:"亲爱的,晚上要不要亲热一下?"但斯维塔皱着眉头,回应道:"我从下午开始就头疼得厉害,今天得早点睡觉了。"说完便走进了屋子。

其实,有许多夫妻都像斯维塔和凯这样。两个人有各自的想法或者需求,但是,他们都没有真正表达出来。双方都使用语言的艺术来掩饰自己的欲望。当涉及他们自己的需求时,斯维塔和凯没

有提及任何"自我"型信息。他们不会说"我想和你一起……"，而是将自己的需求隐藏在一个提问和我们之后——"我们要不要一起……"。这种不明确表达自己需求的动机是多方面的：双方都想取悦对方，或者暗地里希望对方猜到自己的愿望或者需求，然后把责任推给对方。然而，这种行为带来的后果往往就是一个人暗自愤懑不满。

如果我们没有清楚地传达自己的愿望和需求，可能是因为我们已经忘记了如何去感知它们，或者是因为根本不想认真对待自己的愿望和需求。起因可能是我们在童年时期，就有过需求被忽视的遭遇。我们把自己变得渺小，让自己相信对方拥有更多的决定权。我们可能会表现得好像并不在乎自己提出来的需求，但那只是因为我们害怕被拒绝，还有出于对被遗弃的恐惧。也许是我们不想为结果承担责任，所以才让其他人作决定。往往表达不清楚的人都非常害怕冲突。提问和回答都是模棱两可的，这意味着我们没有进行真正有效的沟通。双方都没有清晰地交流，而是过分关注对方的想法。于是，我们在精神上更多地站在他人的角度上，而不是为自己发声。如果我们从小就这样做，可能根本不会注意到自己在人际关系中原来一直是以这种方式与人交流。毕竟习惯了，也就不会觉得累了。

我自己就对这种模棱两可的行为模式非常熟悉。在我的家庭中，我是老幺，有两个哥哥，每个人都有很多意见。举个例子，当我们计划出去时，我会花好多精力弄清楚哥哥们和爸爸妈妈想要干什么："我们应该去游泳还是去动物园，或者出去骑行？"我不会思考或表达自己想要什么，而是选择认同大多数人的意见，或是成全哥哥们的愿望。即使当我与朋友们一起计划假期时,即使大家都是成年人,我一般还是会听从别人的意见,完全不提任何一点我对于度假的想法。可以说,即使内心深处并非没有自己的愿望,但那时候的我可以称得上是"无私"的。在我爸妈"爱人如己"信条的精神教育下,我习惯性地顺从别人也就不足为奇了。当时的我没有意识到,其实我一直忽视了自己的需求。比如,因为我很热爱大自然,所以觉得相比之下,在城市中旅行并没有那么放松。但我从未表达这一点,而是习惯性地装作十分乐意去城市旅行。

你是不是也会这样,遇到事情不愿直说?或者当事情超出了你的承受范围时,依然不愿意寻求帮助?是什么想法阻碍了你?再比如,你能够及时注意到,某件事已经让你筋疲力尽了,或者对你来说有些困难吗?你能感觉到自己的极限并且为自己挺身而出吗?当你清晰明白地沟通并寻求他人帮助时,就会体验到一种良好的互动,这种轻松感和支撑感会为你的生活带来更多积极的力量。

从现在起,让我们开诚布公吧!

无论是因为害怕批评、拒绝,还是出于自我破坏,模棱两可都会动摇你与他人的关系。爱情或者友情就像大海上的船一样摇摇晃晃,你不知道什么时候才能再次踏上坚实的土地。根据情况的不同,无论是双方都喜欢不清不楚的表达还是只有一方这样,都将导致各种各样的矛盾。可能有一方会在某个时候突然爆发,原

第 6 章 良好的关系需要清晰的沟通

因通常是一方总是听从另一方的愿望和要求，或者一方因自己的需求长期得不到满足而感到恼火。于是，他们冒着彼此变得疏远、分手，或者患上身心疾病的风险，开始冷战。交谈变少了，很少互相分享发生的事情，而是更频繁地吵架。夫妻关系治疗师迈克尔·卢卡斯·穆勒（Michael Lukas Moeller）将"夫妻之间的无话可说"列为"全球普遍的关系破裂"的主要原因之一。[30] 只要我们将问题归咎于对方，并且不愿意识到是我们自己缺乏清晰的沟通才导致了问题，就很难扭转局面。然而，如果你学会表达自己的愿望和需求，并在对话中传达给伴侣，你就能拥有一个重新开始的机会。

其实，6月那个周六的早餐时间，斯维塔完全可以说："我今天想去湖边骑自行车，要是你能一起去就最好啦！"她可以这样表达出自己的愿望，同时也不会让自己显得过于依赖伴侣。而凯也许可以这样回答："哦，不错，是个好主意。但我现在还没法说能不能去。下周我会超级忙的，我想周末先提前作些准备。"然后，斯维塔可以建议："那我去骑自行车之前再问你一次吧，到时你再决定。如果不行，那晚上我们俩一起去花园餐厅吃晚饭吧！"如果斯维塔这样明确地进行沟通，那么很有可能凯就会答应她的要求，她也不会因为心中不满而感到头疼了。你只有敞开心扉，别人才能明白什么对你来说是重要的。

> **"**
> 清晰坦诚带来亲密无间。
> **"**

工作中的互相尊重和直截了当

在我应聘第一份工作时,尽管非常渴望得到它,但对薪水不是很满意。于是我直接打电话给老板,鼓起勇气问能不能把年薪提高15%。老板问我:"如果不加薪,你就会放弃这份工作吗?"完了,这下该怎么办?我压根儿没想到他会这样直接问我。我变得有点不坚定了,我说:"我不会放弃,因为我真的很想要这份工作,只是希望薪水能高一点……"最后,我得到了这份工作,但是老板并没有给我加薪。其实,我对此感到恼火,但在很长一段时间内,我都没想清楚该怎么样更明白、更果断地提出自己的加薪期望。如果我对自己的价值更有自信,表达更果断,我就能跟老板更平等地谈判。面对老板清晰明确的提问,我不坚定的提问根本没有可能成功加薪。我当时如果带着更多愤怒的力量去谈薪水,我想结果应该会不一样。那位老板不仅很强势,而且也看重忠诚、果断、充满活力的员工。

在职场中,有些人觉得要做到直截了当很困难。一方面,有些情况是管理层表态不明确,另一方面是有些员工不敢表达自己的观点,宁愿忍气吞声。一些员工认为自己不应该反驳老板。这可能是一个关于尊重的问题。如果员工诚实地说出来,害怕会带来负面的后果。但无论是出于不安全感还是错误的谦虚,他的个人潜力都会因此受到限制,无法施展。一个不明确自己需求的员工会变得犹豫不决,有可能会向错误的方向发展。而员工和老板之间清晰而直接的沟通,不仅对双方来说更好,对工作本身和工作成果也更有帮助。

在工作中，你遇到过上述这些情况吗？人为什么会害怕清晰明白的表达，面对权威为什么会产生恐惧呢？背后是否隐藏着对于冲突的恐惧？我认识许多个体经营户和自由职业者，因为从事个体经营而避免了与领导发生冲突的情况，因此，他们不必与管理层产生摩擦，也不需要一遍又一遍地捍卫自己的立场。而大多数人选择一份稳定的长期工作，是为了避免拓展客户的艰辛。我提倡的是，当你有重要事情想表达，要对老板和同事敞开心扉——尤其是当这件事对你很重要的时候。不管是作为老板，还是作为员工，你都要相信自己可以清晰地陈述，而且完全有资格提出自己的要求。

> 清晰明确的交流方式让双方得以平等交流。

我为自己而活，不是为了跟你作对

是否在某些人际关系中，你觉得可以轻松地提出自己的需求？他们是谁？又是否有些人让你觉得他们几乎不可能为了你作出任何退让？在与伴侣、老板、同事、孩子、父母、兄弟姐妹、老师或亲密的朋友相处时，我们会根据不同的关系进行不同类型的交流。对于某些人，我们尽可能地避免遭到拒绝、批评或负面反馈。通常，我们也会使用一些策略来实现我们的愿望和需求。一旦你开始在日常生活、家庭或工作中观察自己,你会突然间意识到自己以前从来没有注意到的行为。你可能还会很快注意到一些与你的行为相关的身体信号和感受,或意识到那些被你压抑的感受。

你会直截了当地告诉伴侣你想要什么吗?还是你们就像斯维塔和凯一样喜欢打哑谜呢?你属于言简意赅的类型吗?例如,你会说:"周末我想和你一起去骑自行车,你觉得怎么样?"还是:"我们周末去骑自行车吗?"抑或更隐晦地表达:"这周末估计不会下雨了,这样的好天气很适合骑行吧?"又或者,你可能压根儿什么都不会说,因为你已经预计对方会拒绝。也有可能,你只顾着照顾伴侣或者朋友的意愿:"你周末想做什么呀?"或者"我们周末干点什么好呢?"

通过"自我"型信息和具体的问题来了解对方的立场,你是在对自己的需求和愿望负责,并希望对方也这样做。因为感觉被冒犯了而生闷气、沉默地冷战或者间接提问、回避问题都会妨碍交流的清晰通畅,最后往往导致大家心情都不好,因为都觉得自己没有被重视和聆听。于是,沉默也会被对方认为你是在以此惩罚他。

对许多人来说,表达自己的愿望是一个巨大的挑战,因为我们非常害怕被认为是自负的、冷漠的或者独断专行的人。通常,我们的矜持克制也是出于害怕被对方拒绝。为了避免被拒绝,一种方法是压根儿不说出自己的愿望并且避免与别人交流。但有一件事情是肯定的:如果你不问,虽然你不会得到否定的答案,但是你也无法得到肯定的答案。通过这种方式,你间接地赋予了对方决定你的行为的权力。在日常生活中,有些人会突然把累积已久的被压抑的愤怒情绪爆发出来，陷入责备他人或是咆哮怒吼的旋涡，根本不可能达成有效的交流。对于一些人来说，这是一种必要但不恰当的将淤积已久的能量释放在另一个人身上的方式，而对于另一些人来说，这是对旧日创伤的一种无助且无效的反抗，这些创伤偶然被触发了。这种脾气暴躁的愤怒类型的人也同样会避免审视自己，无法对自己的感受、情绪以及需求进行有意识的感知——可能的后果是对他人表现出越界、麻木的言语和行为。你可以在第 209 页找出自己属于哪种愤怒类型。

  在一段关系中感到愤怒，并且积极地利用愤怒的力量，会给双方带来清晰的认识。对于很多人来说，这个想法还很陌生：我是在为自己而活，不是为了跟你作对！没错，就是这样。那些表达自己需求的人不是为了反对对方，只是为了自己挺身而出。内疚感是错位的。即使你决定："今天我不会去探望你的父母。我宁愿躺在阳光下，在花园里看书。"你的伴侣可能会失望，他也可以表达自己的失望之情。你们可以一起讨论并找到解决方案。但是，首先，重要的是你要说出自己的需求。也许只要你同意下次再去，那么，伴侣甚至会为你这次在辛苦工作一周之后，可以放松一下而感到高兴。只有开诚布公地分享你的需求，才能一起为自己和对方找到合适的解决方案。当你们双方都将需求告诉彼此的时候，你们变得更加真实，并且是真正地平等交流。只有这样，你们才能分享彼此的界限，并坦诚地说出你们准备好做什么、没准备好做什么。如果交流导致了冲突，那么你们和你们之间的关系都有可能因此成长。摩擦不一定会像厌恶冲突的人所担心的那样导致分手，恰恰相反，摩擦反而可能促进关系的进一步亲密。我们越来越了解彼此——包括我们的需求和边界。

练习 9
探索清晰的力量

这个练习将帮助你变得更有觉知力。仔细感知：

★ 观察你周围的人。当他们与你交谈时，请仔细聆听。你如何提出问题？你清楚地表达了自己的愿望吗？他们是否给你发表意见的机会？还是直接给你一个既成事实？对于这两种方式，你作何反应？

★ 当别人拐弯抹角时，你有什么感受？当对方清楚、直接、友好地表达自己时，你感觉如何？

★ 在人际关系中，你的关注点主要在哪里？是在你自己身上还是对方身上？在什么关系中你感觉到很放松？

★ 你跟哪些人交往时，你会说"不如我们……"来掩饰自己的欲望？你如何看待这些关系？

★ 通常情况下，你是作决定的人吗？你喜欢作决定的感觉吗？当别人作决定时，你感觉怎么样？

★ 当你听到明确的"好的"的时候，你有什么感觉？当你被拒绝时，又有什么感觉？

第 7 章

用健康的方式表达愤怒

在本书的第一章中,你已经体验到感受和身体之间的联系是多么紧密。你有没有感知到愤怒在你身体的什么地方表现出来？你现在是否更了解自己身体发送的信号了呢？这些信号可以帮助你尽早发现哪些情况下哪些事情有问题。然而,多年来,我们经常压抑愤怒,忽视身体的信号,以至于需要一点时间和练习才能再次可靠地感知它们。如果我们想利用自己愤怒的能量并妥善应对他人愤怒的能量,就需要与自己的身体建立良好的联系。这就是为什么我们需要继续尝试拿愤怒做实验、练习感知、不断获取新的经验。

当你因愤怒而失去控制的时候,你的不稳定表明你已经失去了支撑,失去了内在核心。就好像有人从你脚下把地板抽走了,你失去了立足之地。失去内心的重心引发了你的极度愤怒。为了能健康地表达愤怒,重要的是要对自己有所觉知,并且稳住内心的锚点。因此,在本章中,我们将重点关注内在的中心化,它将能量的存在与身体的核心连接起来,是内在和外在稳定的基础。通过专注于内心,我们为围绕健康表达愤怒的实验进一步创造了良好的基础和条件。

感受充满活力的内在核心

有些人通过中医、气功或者道教修行，了解如何强化内在核心。在这些方法中，建立和培养核心的能量是最重要的原则。这些古老的治疗方法和传统表明，内在核心对我们的健康至关重要。当核心中枢虚弱时，体内热量和能量不足，这意味着其他器官也都无法得到足够的供给。接着，最常出现的症状便是体温不足、注意力不集中、疲倦和全身虚弱。根据中医理论，人们的饮食和生活方式，以及思想和感受，都会影响人们内在核心的强弱。

在可能性管理中，人的身体重心和内在中心是不一样的。[31]身体重心位于我们腹部肚脐下方约三只手指宽度处。与内在中心相反，身体重心作为一种物理中心，它的位置是不能改变的。内在的中心，也称为能量中心，是灵活的。凭自己的智力和分析思维来主导生活的人通常将全部注意力和精力集中在头脑中。而许多人在童年时期就已经放弃了他们精力充沛的内在核心，特别当他们身边有一个强大的权威，强势地让他们服从时。在儿童时期，放弃精力充沛的内在中心可能出于自我保护或安全的考虑。表达我们自己的选择或者愿望可能是危险的，也许会受到惩罚，所以孩子们选择退缩，让成年人代为决策。亲子关系的难点在于，在孩子小的时候，大多数情况下由成年人替孩子来作出决定会更好。但重要的是，孩子们的愿望也需要被聆听，并得到及时的回应。如果父母经常很快就对孩子的愿望和需求直接作出决定，孩子就会放弃为自己负责，并且压抑自己的需求。如果孩子放弃自己内在中心的习惯一直延续到成年，那么，他就养成了一种幼稚、畏首畏尾、过于依赖他人和讨好他人的行为模式,这将影响他的一生。这样的人可能很难感知到自己的需求,也不擅长表达或者坚持自己的需求。自尊心弱的人,往往会过度依赖外界的意见,从而进一步忽视自己的能量中心。

有意识地感知内在核心,第一步需要先做到集中于自我。这意味着你在自己的核心宁静平和,勇于坚持自己的需求。如果你无法做到集中内在核心,你的"感应器"就会将重心移到别人身上,试图明白对方的需求。例如,当你和伴侣在一家餐馆吃饭,服务员问:"你想喝点什么?"你不说"我要一杯红酒",而是选择放弃自己的能量中心,并问"我们该喝什么好呢",把责任移交给了对方。而对方可能会回应"随便",他也同样回避了问题,不想承担责任。那么,我们为什么会放弃自己的能量中心呢?下面我们举一个例子,来看看童年是如何对我们日常无意识行为模式产生深远影响的:

> 19岁的汤姆在离家后不久就得了抑郁症。他本来对能在柏林大学的物理系学习感到兴奋,而且对一个人独立生活也充满了期待,还幸运地找到了一间不错的学生宿舍。但是,仅仅几个星期过后,他就越来越沮丧,经常在半夜醒来,直到天亮才能再次入睡。白天,他心神不宁,精神萎靡不振。尽管他睡眠不足、抑郁、情绪波动很大,但是一开始,他还是跟所有人说一切都很好。所以,他的家人和亲密的朋友们全都没有注意到汤姆已经出了严重的问题。汤姆非常努力地学习,达到了所有课程的基本要求,成绩还算过得去。他定

期回波茨坦探望家人，也就是他的爸妈和弟弟利亚姆。利亚姆是在汤姆3岁时，爸妈收养的孩子。

利亚姆因为偏瘫，不得不坐轮椅。从第一天起，汤姆就把利亚姆视作他必须保护的小弟弟。一直以来，他总是为利亚姆做所有事情。即使现在他只有周末才回家，也是如此。还是利亚姆第一个察觉了汤姆有些不对劲，问他发生了什么事。"你怎么变得这么瘦，脸色也很差，汤姆。"这时汤姆的爸妈才发现大儿子出了问题。妈妈给汤姆预约了家庭医生，家庭医生又把汤姆转给了神经科医生。就这样，汤姆被确诊为"抑郁症"。一开始，他甚至不知道该如何面对这个诊断结果。在系统性治疗期间，他发现没有了需要帮助的弟弟，不需要为弟弟承担责任之后，他自己好像也不完整了，总觉得缺少些什么，好像在自己的生活中找不到落脚点。

和父母一样，汤姆总是把所有的注意力都放在利亚姆身上。利亚姆在孩提时期遭遇了不幸，但同时他也是幸运的，因为他又拥有了一个稳定而充满爱的家。这些年，即使汤姆有时候因为弟弟而不得不压抑自己，但他没有抱怨过一次。即使父母已经尽力给汤姆关注，但是，大部分的注意力和关怀仍然越来越多地倾向于利亚姆。汤姆从很小开始，就承担了很多责任，并且他也证明了自己确实是一个有爱心的大哥。然而，突然脱离了大哥的角色，只需要照顾自己的生活时，随之而来的个人责任感让他完全失去了安全感。汤姆习惯于把所有的注意力都放在别人身上，所以，他放弃了自己的内在中心。他花了一年多才感知到，表面上看似一切安好，其实他对弟弟也有一些愤怒，因为弟弟剥夺了他的理想世界和父母几乎所有的注意力。此外，愤怒中还夹杂着失落和难过。只有当汤姆能够感知到并且独立地观察这些感受时，他才能找回自己，保持自己的内在中心，并且快乐地接受独立生活的挑战。

在有长期病患的家庭中，病人通常会得到其他家庭成员大量的关注和爱。如果疾病被视为沉重的负担，这也会对家庭气氛产生重大影响。大家可能无法大声说话或在屋子里快速走动，甚至快乐和幸福都有可能显得不合时宜。当出现这样的情况时，整个家庭很大程度上都受制于患病的家庭成员的健康状况。无论是住在一起的人，还是来拜访的亲朋好友，大家的关注点都集中在病人身上，他的健康成了焦点。为了患者"好"，大家压抑了自己对于活力、自我表达和轻松的需求。

一个有狂躁症的邻居会影响整个街区的其他居民，大家不得不小心翼翼地避免做任何可能引起这位邻居暴怒的事情。大家都想避免冲突。例如，周日下午本来可以在花园里开心地烧烤，但为了避免邻居发作，大家选择取消活动。这个邻居得到了其他人外在的友善和内心的排斥，他找不到可以与他平等交流的人。没有人愿意和他接触，因为大家都害怕他会作出激烈的反应。因此，无论是在周末洗车时，不得不忍受他播放数小时的高音量广播，还是只能放弃在花园躺椅上放松，转而在客厅沙发上休息，大家都选择了默默忍受。换句话说，邻居们把他们的能量中心交给了这个暴躁的邻居，整条街的人的生活都受到了严重影响。不过，好消息是，邻居们仍然可以通过清晰的表达和反抗来恢复他们的内在中心。加强还是减弱中心，取决于我们自己。

练习 10
你的内在稳定性如何？

观察自己一天中的姿势。你的自然姿势是什么样的？问问自己：

* 我的自然状态是什么？是双脚稳稳着地吗？腿是弯曲的还是伸直的？自然状态感觉如何？稳定还是不稳定？多摆些姿势，看看什么姿势下你感觉更加稳定。

* 我的坐姿是什么样的？两只脚都在地上吗？经常交叉双腿吗？怎么样坐感觉更稳？能量如何能更好地流动？

* 我的头和眼睛是朝前看，还是往地上看？

* 我喜欢交叉双臂还是双手垂在身体两侧？坐着时，我会把双手放在腿上吗？我的肩膀是不是前倾？我倾向于让自己显得小只的姿势还是喜欢舒展开来？

* 在不同的人（比如伴侣、老板、孩子或朋友）面前，我的姿势是什么样的？我的姿势在哪些方面发生了变化？

* 哪些内容和哪种语气会让我变得局促不安？

* 我的外在（身体）姿势如何？我的内在（情感、心理、精神）姿态又如何？

你是否也有这样的经历，在有人经过你身边并且不小心碰到或是撞到你的时候，你会很容易失去重心？于是，你反射性地向前、向后或者向旁侧迈出一步，再重新站稳。以前有位同事教过我武术，我也尝试过外在和内在许多不同的姿势。我的经验是，我的身体核心越是僵硬，其他人就越容易让我失去重心。但是，如果我保持身体的柔韧性，能够在压力下摆动，我就能保持稳定的姿势，而不会失去立足点。在武术中，这是一种行之有效的策略，可以消解对手的攻击和力量，并将其引导到自己的身体上，而不是让自己变得僵硬。自从我对自己的姿势有了更多的了解并不断尝试后，外部的身体动作使我失去平衡或重心的频率就变得越来越低了。我感到更加稳定，也更加灵活。

什么触发了你对他人的愤怒

愤怒的表达方式有很多种，包括但不限于被动攻击型愤怒或者微妙的愤怒、冷嘲热讽或者愤世嫉俗、沉默冷战或者无视忽略（作为惩罚）、诽谤中伤、大喊大叫、暴力的肢体动作，以及破坏型愤怒。你对哪种表达方式比较熟悉呢？不同表达方式可能会在你身上引发不同的反应。面对其中一种表达方式时，你有怎样的感受？在哪种情况下，你会失去自己的支撑点？你把能量中心放在哪里？

我们面对愤怒的不同表达方式

被动攻击

如果别人对你采取被动攻击性的态度,你可能会直接以牙还牙地对对方进行口头攻击。显然,设定边界并向对方表达你的需求,并不是一件容易的事。但是,如果你能保持住自己的能量中心,并且告诉对方你不想跟他敌对,只是想更多地了解他的愤怒和问题,这会是一种更好的处理方式。

沉默

遭遇冷战时,人们往往想要搞清楚他们做错了什么,以及怎样才能打破对方的沉默。但是实际上,对方应该承担责任并且明确表达出他们的愤怒点。

背后议论

每个人都可能因为别人的不当行为感到不舒服。但是,如果将愤怒的能量浪费在无用的背后议论上,这对解决问题毫无帮助。试试看,告诉这个正在抱怨别人行为的人,他的行为给你带来了多大困扰,并且鼓励他描述自己的感受。

大喊大叫

当有人对你愤怒地大喊大叫时,你的第一反应可能是试图让对方平静下来。通常,只要明确地说一句"够了",从当下的境况中离开,并且划清边界,就足够了。

> 但在某些情况下，可能你还需要保护另一个人免受威胁，这种情况下，你可以明确立场并叫来其他人帮助你们，引起大家的关注。

当你意识到是什么触发了你内心对于他人的愤怒时，你可以选择继续像以前一样行事，或是在未来遇到类似情况时采取不同的反应。如果你已经被对方极高的愤怒能量感染，自己也卷入其中，开始骂骂咧咧或者大喊大叫，那么我的建议是把这种极高的愤怒能量留给对方，并且用坚定的语气给对方设定边界，自己仍以健康的方式表达愤怒。比如，你可以明确地说"停下来！"或"不行！"，或者直接表明你没有时间再继续下去了。当专注于对方，并且试图找寻缓解对方愤怒的方法时，请你有意识地将专注力转回到自己身上。审视你的姿态，你是否仍然稳定、灵活？把注意力转移到你的中心。关注自己，如果有必要，离开当下所处的危险区域。你可以见证对方的愤怒，但不必接受或控制它。那是对方的愤怒，不是你的。如果你把注意力集中在自己身上，那么，你就能够感知愤怒是否超出了控制，并了解自己需要什么来恢复平衡。

什么是健康的愤怒的表达

在充满挑战的情况下，我们无法预见自己会作出什么样的反应。有时反应取决于当时的具体情况。即使是像我这样一个多年来一直在处理自己的感受并且善于感知和表达愤怒的人，当愤怒向我传递信息时，我也必须不断重新感知自我。

最近，我和一位同事在拥挤的超市购物时，一个带着两个孩子的父亲试图在收银台前插队。如果不赶时间，那么我可以轻松愉快地不去计较，不为这种插队的人浪费我的任何精力。但令我恼火的是，他默默地挤在我面前，表现得就好像这是全世界最自然的事情。我沉默了一会儿，但随后咬紧了牙，想起了同事和我必须赶上去公司的那辆公交车。在确保插队的父亲和他的孩子没有注意到的情况下，我跟同事说了我的不满。这究竟是为什么？那时如果我把注意力完全集中在自己身上，即在我自己的中心上，那么，我会直接和那个男人对话。比如，我可以说："我有一个重要的约会，不想迟到。如果你插队，会导致我错过公交车。请你们去队伍后面排队。"或者，我也可以说："在没有询问过我的情况下，你们就插队，我感到很不高兴。如果需要插队，请先征求我的同意。"又或者直接说："你插队了，队尾在后面！"

那些了解自己的内在中心并且与之相连的人，更容易根据自己的需求作出适当的反应。他们会表达自己的愤怒，而不会让怒气积聚在下巴、喉咙、胃或是任何压抑愤怒的地方。

> "
> 健康的愤怒表达来自你的内心，并与情况相匹配。
> "

如果你了解自己的内在中心，那么可以使用以下练习来了解你与中心的连接情况。

练习 11

搭档练习：回归自我中心

和你的练习伙伴面对面。两个人都保持站姿，两腿分开与胯部同宽，确保站稳。当手臂弯曲成90度时，手掌应能轻松接触对方，请保持这样的距离。现在是单人任务，请与对方双掌相对，并将对方推出去。速度和强度由双方自由控制。在这个练习中，观察你的想法。你的脑海中浮现了哪些问题或者陈述？这里有一些例子，供参考：

* ★无论如何，我都没有办法战胜他/她。
* ★他/她比我小很多，我应该让让他/她。
* ★我精力充沛，对他/她来说我是个强劲的对手。
* ★当他/她意识到我有多强的时候，他/她就不会再喜欢我了。
* ★我根本无法承受那么多能量。
* ★我希望给他/她更多的压力，让他/她更加努力。

练习后的感受：练习时，你感觉如何？这种感受是否改变了你内心的态度？你能明确地感觉到你的身体中心吗？你晃动了吗？如果有必要，回想一下自己当时在想什么，并在愤怒日记中做记录。

当你相信对方可以照顾好自己，并且你不那么在意自己是否是多余的或是否需要保护好对方时，你会体验到与自己的中心之间联系的紧密程度。整体而言，你会感到安稳和充满能量，一切都很顺利。如果你感觉不太好，那么，你也会勇于跟对方进行沟通。当你的中心支持着你时，你会感到轻盈且充满能量，内心舒适，并且能与外界进行流畅的交流。有一点非常重要：如果你与中心有良好的连接，你就可以真实地做自己！这可能会让对方感到不舒服或者被挑战，但这不会让你感到不安，因为你完全忠于自己。当伴侣或老板发表与你不同的意见时，尝试有意识地表达你的异议。或者，当同事微笑着试图再次把工作推给你时，果断拒绝。然后，立即观察你身体的感知。你在想什么？你是不是在小心翼翼地观察对方的反应？你是不是在衡量对方的想法或者感受，并且猜想他接下来的行为？另外，观察你在拒绝他人时的感受。拒绝别人后，你会怎么样？如果对方作出的反应是感觉被冒犯或是被伤害，你会收回你的拒绝吗？你会在说"不"的时候，保持习惯性的微笑，因为你觉得微笑能确保对方仍然喜欢你？对你来说，说出"不"是一件容易的事吗？

集中精力意味着将你的注意力——例如从脑部（思维）——转移到身体的中心（感受）。将移动的能量中心定位在你的身体中心上。如果你以这种方式与中心连接，就会在相应的情况下感受到自己的愤怒——不是爆发性的或危险的冲动，而是一种使你能够采取行动的宝贵感受。如果你和自己连接在一起，就可以表达出内心的真相——这就是健康的愤怒的表达。在不同的情况下，表达的强度也会有所不同。你越是愤怒，就会越强烈地意识到真正重要的不是愤怒的强度，而是内心的态度和你与自己的连接。

第8章
不要等待改变——自己行动起来！

前段时间，我去另一座城市参加为期两天的团队会议。在闷热的会议室工作了整整一天，并与同事共进晚餐之后，我疲倦地倒在酒店的床上。半夜，我被吵闹的大笑声和谈话声吵醒。我对这些干扰感到十分恼火，因为我非常需要睡觉。真是太烦人了！我很生气。这些人应该意识到自己的声音有多吵。在大半夜发出这么响的声音，他们根本就没有考虑过别人的感受！我躺在床上，内心在咒骂，等待这群人最终安静下来。然而，随着时间的推移，我心里的怒气越来越旺盛。仿佛在过了很久之后，我听到一个低沉但坚定的声音，很快吵闹声渐渐平息了。不一会儿，我就在不知不觉中又睡着了。第二天在餐厅吃早餐时，我遇到了一位同事。她看上去似乎休息得不错，精神很好。"你昨晚睡得好吗？"我问道，并简短地告诉她我有点累，因为隔壁有个房间晚上太吵了。"其实，我也被吵醒了，"她说，"然后我打了电话给前台，前台处理之后，那些人就安静了。"听完她的话，我对于自己没有想到这个办法感到有些许懊恼。同事选择为自己承担责任，她的愤怒让她作出了行动，而我却一直处于受害者的状态，深陷自怜的沼泽。我已经察觉到了自己的愤怒，但是并没有将它转化为行动的动力。

我的想法只是围绕着那群吵闹的人，将他们视为肇事者，而自己则是受害者。我把精力浪费在无声的责骂中，认为这些人不懂得体谅他人，却并没有以任何方式改变这种情况。我只是感到疲倦、糟糕和任人宰割。首先，我必须学会感受我的愤怒，而不是压抑它；然后，我需要激励自己为自己的需求勇敢行动。我必须意识到，我有权利为自己挺身而出，捍卫自己的感受和需求。

练习 12

愤怒会议

回想一个你曾经没有表达愤怒的场景。回顾性地审视当时的情况并探索你的愤怒：

★ 被压抑的愤怒能让我做什么？

★ 我的愤怒的能量去哪儿了？我在想什么？我在做什么？

★ 是什么阻止了我表达愤怒？

为什么为自己而行动是必要的

如果你没有压抑自己的愤怒，而是去感受它，就能清楚地感知到一种能量的冲动，驱使你为自我负责并且行动起来。通过有意识的感知以及自我负责的行动，你就可以持续并且积极地改变自己的生活。你将能够在具有挑战性的情况下作出决定，例如第

56页提到的艾琳,她在公共汽车过站后决定打出租车,准时见到了老板。艾琳察觉到了自己的愤怒,在愤怒的驱动下快速地作出了决定,并为自己的行动负责。相反,伊娃因为过高的麻木阈值,感知不到自己能做什么。作为既成事实的受害者,她感到麻木并保持被动状态。

下面,我们来探讨几个问题:为什么我们要降低过高的麻木阈值?好处是什么?代价是什么?从可能性管理的角度来查看下面的图表,并根据自己的节奏进行思考。

高麻木阈值 = 很少或没有愤怒的感觉	低麻木阈值 = 有意识地感到愤怒
感到内疚	感知自己的边界和需求
过于在意别人的错误	以自己的感受为重心
过于在意自己的错误	感受自己行为能力的力量
渴望惩罚	渴望改变
拒绝承担责任	承担责任
将责任视作义务	将责任视作机会
将责任视为负担	将责任视为解脱
将注意力从愤怒上转移到其他方面:食物、工作、消费、电脑游戏、运动、争论、完美主义、酒精、毒品等	欢迎愤怒及其蕴含的能量带来的冲动,并有意识地利用它们来改变情况或关系
保持被动,屈服,逃避责任,放弃	积极主动,负责任地行事
感受不到痛苦	允许并且感受到痛苦
麻木不仁,死气沉沉	感觉强大而充满活力
责任与过去发生或未发生的事情有关	责任关乎现在和未来
忍受生活	创造生活

想降低自己的麻木阈值,是无法通过纯粹的意志力来完成的。

这需要感受和内在（也可能是外在）态度的改变。这个过程可能是非常痛苦的，因为以前没有被感知到的东西，现在突然被强烈地感知为愤怒或悲伤、恐惧或快乐。对于一切让你感到不爽的事情，不论是未被尊重的边界、未被满足的需求，还是未被实现的愿望，对此的愤怒所带来的痛苦是你最真实的指南。绕过痛苦的办法并不存在，因为那样你就必须压抑自己的愤怒，麻木感会再次飙升。而接纳痛苦和愤怒，生活会变得更加丰富。我们绝不是要追求成为完美的人——完美的人也不存在，重要的是我们自己的存在、生活的活力和生命的力量，当然，还有人与人之间的彼此尊重，以及积极、有建设性的互动。

练习 13
你如何对待责任？

花点时间思考这些问题，并将答案写在愤怒日记中。
* 我对谁或什么事负责？
* 我喜欢责任的哪些方面？
* 我不喜欢责任的哪些方面？
* 我觉得承担责任容易吗？我想把责任交给谁？
* 如果我认为哪里出了问题，我是否愿意接受别人与我的感受并不相同？
* 哪些场景中，我个人认为是负责任的行为，而别人却认为是侵犯他人的行为？

★ 是否有我承担了实际上应该由别人承担的责任的情况？是哪些情况？

再想想，你对待责任的态度从何而来。在你还小的时候，是不是就被严格要求承担起责任？还是你很小就被否认有承担责任的能力？你的父母或兄弟姐妹有没有从你身上剥夺了很多东西？请在愤怒日记中写下你当时的经历和感受。从今天开始，你想作出哪些不同的改变？请作出坚决的决定吧！

作决定的能力

没有人能替你决定什么事物适合你，你是否喜欢当下的境遇，或者你是否要用愤怒的力量来作出改变并为自己负责。在任何情况下，你都可以积极地利用你的愤怒。要么让一切保持原样，要么改变它。没有人能评价，你的选择是对或是错。因为对错都由你主观决定。如果你对改变后的结果仍然不满意，就有责任继续采取行动，以满足自己的需求。

> 爱它，改变它，或者离开它。[①]

---

① 原文为 Love it, change it or leave it.

亨利·福特（Henry Ford）[①]说过，如果你不喜欢生活中的某样东西，那就学着去爱它，改变它或放手。否则，你唯一能做的就只剩下不断为你不喜欢的事情生气。你可以责怪别人——你的另一半、邻居、老板、政客，或是任何人。但是，这样做改变不了任何事情，只会一次又一次地夺走你的精力和注意力。最终，你可能因此感到悲伤，试图通过一些恶习分散注意力，或者逐渐变得麻木。但是，如果你想为自己作出一些改变，那么，坚定地选择立场是非常重要的。在这一点上，我不想高谈阔论生活中的大问题，比如选择伴侣和职场工作，这些话题我们在后面会谈到，在这里我想先聊聊那些时不时需要我们快速作出决定的日常小事。

最近，我参加了一个进修课程。培训期间，我有自己的独立房间，配有一间大浴室，但是只能从走廊进入。当我去浴室收拾东西的时候，却发现了别人的沐浴露、牙刷和剃须用品，水槽里还有黑色的胡茬儿。事不宜迟，我立马去找了前台，前台确认那间浴室确实是只属于我的房间，隔壁房间配有自己的浴室。于是我就去敲隔壁房间的门，把情况告诉了他，他立刻向我道歉，把自己的东西从浴室里取走。有意思的是我对自己内心的观察。在指出他错误地使用了我的浴室时，我有一瞬间感觉到非常不好意思。当他把东西从浴室里拿出来时，他注意到水槽里的胡茬儿，并在走之前清理了它们。片刻之后，当站在浴室时，我意识到自己其实很欣赏通过愤怒的力量而体验到的清晰感。我不再像以前

[①] 亨利·福特（Henry Ford, 1863—1947），美国汽车工程师与企业家，福特汽车公司的创始人。——译者注

那样回避冲突，而是将之视为自我成长的极佳方式——这些日常小事看似微不足道，实际上却构成了我生命的很大一部分。

你如果想改变自己的生活，就必须作出一个新决定，并由此展开新的行动。为了练习这一点，我推荐你做以下练习，可以在4个星期内每天重复一次，并根据自己的情况进行调整。观察你作出新决定后感受到的变化，以及这些变化带给你的快乐。

练习 14
练习承担责任

选择合适的情况，并在 3 分钟内作出决定：

★ 在餐厅点一道菜。

★ 挑选白天或晚上的衣着。

★ 决定你想如何度过午休时间。

★ 选择周末旅行的去处。

★ 挑选带回家的鲜花。

★ 决定今天想烧什么菜。

你也可以想想其他适合自己的情境。

作出决定和承担责任是一体的：承担责任需要作出决定，谁作决定，谁就要承担责任。如果你拒绝承担责任，你就没办法做

任何事情。想要为自己挺身而出，就必须落实到行动上。当你能够感知并和自我建立连接，设定边界并且表达需求时，你会发现这种感觉非常好。而且，你的人际关系也会变得更加清晰、更加充满活力。此时，你可能会感到后悔，为什么过去这么多年都处于过于顺从、委曲求全和麻木不仁的状态，让自己的生活变得如此艰难。因此，在下一章中，我们将深入探讨，当我们不再压抑自己的愤怒时，人际关系会如何发生积极的变化。

第 9 章
有意识地行动，而不是陷入情绪的旋涡中

愤怒是在提醒你有些事情不对劲。针对这一关键性的观点，我们已经从不同的角度进行了分析，并且通过各种练习进行了具体化的阐述。在本章中，我们将进一步探讨。在伴侣关系中，在家庭中，在职场中，你是如何处理人际关系中的需求的呢？你了解自己的需求吗？你是否经常在与他人发生冲突时只感到愤怒，却不清楚根本原因？只有当你知道自己在某种情况下遇到的问题，了解未被满足的需求，你才能努力作出改变。因此，冲突可以促进我们成长。在冲突的帮助下，我们可以深入了解自己的感受、情绪和应对策略，从而发现我们未被满足的需求。在开始探讨这些问题之前，我想先谈谈从生命初始便驱动着我们的需求。

人们常常对自己有很多期望，但却时常忽略了自己生存的根本需求。心理学家劳伦斯·海勒（Laurence Heller）和艾琳·拉皮埃尔（Aline LaPierre）在她们的创伤治疗工作中，总结出五大核心生理需求。这五种需求在童年时期被满足的程度决定了人们成年后能否较好地感知自己的需求。这些需求深化为一些核心能力，帮助人们与最深层次的资源和生命本质联系起来。**联结的能力**有助于人与自己的身体、感受以及其他人联结起来。**认同的能力**帮

助人们感知自己的需求和感受，并且识别、寻找和汲取情感上的滋养。**信任**使人们能够良好地相互依赖。**自主性**帮助人们设定边界，畅所欲言，而不会心怀担忧或是内疚。**爱和性的能力**使人们能够将身体与灵魂的两种生命方式紧密相连。

如果孩子的核心需求得不到满足，可能会对未来的生活产生深远影响。例如，与照顾者缺乏良好互动的婴儿，长大后在与自己和他人相处时，可能会遇到困难；如果父母无法认同或感知孩子的需求，会导致孩子自己也难以识别和表达自己的需求，甚至会觉得自己的需求不值得被满足；童年时期未能建立信任感的人，长大后会觉得自己只能依靠自己，试图将一切置于自己的掌控之下；未能充分行使自主权的孩子，或者没有通过自我表达获得认可的孩子，长大后就不太能够设定边界，觉得拒绝他人是一件很难的事情；如果孩子表达了爱而遭到拒绝，或者因为童年时期的性好奇心受到批评，那么他可能会在未来把爱和性分离，影响自尊，更多地关注外表或是成就。

如果孩子的核心需求在童年时期没有得到满足，他就会寻找应对这种情况的适应性策略。这些策略会帮助孩子在需求无法被满足的情况下生存下去。在成年以后，习惯了这种适应性生存策略的人可能无法与自己的身体建立良好的连接，自我认同被扭曲，难以进行良好的自我调节，甚至难以应对生活中的挑战。劳伦斯·海勒和艾琳·拉皮埃尔创造了一种综合疗法，帮助那些因童年创伤而在生活中遇到困难的人，例如焦虑、依恋障碍、抑郁、自我攻击等。这种疗法基于患者的自我观察。治疗师为患者的自我探索提供空间，并让患者将注意力始终集中在自身资源和自我效能上。你需要什么，才能专注于此时此地？治疗师和患者从认知、情感和神经层面来处理这些问题。通过这种方式，患者学会以自己能承受的强度在身体中接纳和感知被压抑了的感受。独立地、通过建设性的合作来塑造自己的生活，这正是我们想要的。只有当我们学会感知自己的核心需求，表达它们并努力追求满足自己的需求时，我们才能在身体、情感和精神上照顾好自己。与他人相处时，也需要如此。

积累经历

人们不断积累与父母、孩子和伴侣一起生活的经历，同样，还有与同事、上级一起工作的经验。这些体验是愉快的还是不愉快的，对人们的幸福至关重要。人类需要经历，从而不断成长和发展。大脑的设计让人永远有进步的可能。即使到了老年，人类的大脑依然可以形成新的神经连接，使人继续学习和发展。这就是人为什么需要建立关系——与他人交流、接触、争论甚至产生冲突。成长，即发展和联系，是人类的基本需求。只有通过与其他人交流的经历，人们才能成长。

德国脑科学家格拉德·许特（Gerald Hüther）教授的研究成果非常具有开创性：每个人从出生起就对生活有着天然的基本信任。但是，童年和青春期的痛苦经历会动摇并且永久损害这种基本信任。当父母把幼儿视作不具有主观能动性的对象，将自身的期望和愿望强加于他身上时，就会忽视孩子的能力培养和需求的满足，教学和评估就取代了父母本应充满着爱的引导。这种模式更注重的是针对个体的培养，而非彼此之间的珍视与尊重。而当彼此的关系不够紧密、互相不信任时，不安感就会与日俱增。对自己、对他人和对生活的信任也会荡然无存，取而代之的是不满情绪和潜在的身体疾病。不过，好消息是：丧失的信任仍然可以通过建设性的经历被重新修复。

受害者、迫害者、拯救者

你在人际关系中的表现如何？什么时候你会比较平和？什么时候你会尽量避免冲突，甚至退避三舍，不想与任何事情扯上关系？也许在具有挑战性的情况下，你会以更中庸的方式行事，并且希望在冲突的双方之间充当调解者，又或是在遇到困难的时候，你更倾向于做那个寻找解决方案并接手整件事的人。与他人打交道时，你是否享受过与别人产生摩擦的时刻？有些人只有在遇到阻力时，才会真正感觉活着——只有在遇到阻力后，他们才会明确下一步的行动方向。

现在，回想一下我们在第15页提到的阿丽娜。她40多岁，是一位小学教师，同时也是一位独自抚养着三个10—16岁孩子的单亲妈妈。她饱受背痛折磨，有时疼得几乎无法走路。尽管她开始认识到愤怒的力量，但在大多数情况下，她依然将自己视为帮助者和给予者。作为三个男孩的妈妈和一名老师，乍一看她对自己的定位似乎是合理的。然而，自从她学会察觉自己的愤怒，并更清楚地感受自己时，她开始在每段关系中观察自己：

第9章　有意识地行动，而不是陷入情绪的旋涡中

"在工作中，我总是想取悦所有人，害怕批评或拒绝。在与上级或是学校的管理层产生意见分歧时，我总是想尽快结束争议，不想引起任何不和。所以，我宁愿接受别人的意见，承担额外任务，由着别人说了算。但在家里，我却完全不同。有时候，我对儿子们很粗鲁。他们打闹时，尤其是三个青春期男孩几乎每天都会打闹，我会非常严苛地对他们或者冷落他们，指责他们更是家常便饭。而面对前夫时，我的态度又不一样。在他面前，我就像消防队员，总要帮他及时救火。他会从马略卡岛打来电话，对我大吼大叫，说他又遇到了问题——而我的大脑会立刻开始飞速运转，想为他寻找出路，解决问题。我的前夫喜欢把责任全都推给别人，而我却很享受这种感觉！他是我孩子的父亲，所以我总觉得自己不能让他失望。但是，为什么不行呢？毕竟，他五年前抛下我，独自去了阳光灿烂的马略卡岛——为什么我不能让他坐立不安呢？在他根本不值得我付出的情况下，我到底为什么要帮他？"

通过对愤怒的力量的探索，阿丽娜学会了更有意识地感知。现在，她会审视自己在人际关系中的表现，并意识到她并不总是她认为的那个可怜的受害者。她同时也扮演着迫害者和拯救者的角色。此处我引用的这三个角色源于心理学家斯蒂芬·卡普曼博士（Dr. Stephen Karpman）提出的"戏剧三角"，即一种心理关系模型[33]，随后由克林顿·卡拉汉在他的著作中对该模型进行了补充扩展。当我们想逃避责任时，我们会扮演这些角色中的一个或多个。然后，我们感知不到自己的需求，作出无意识、不成熟的行为：

抱怨、责备别人、为自己辩解、怀恨在心、找借口、试图自圆其说、把别人都说成错的，或是在八卦议论中迷失自我。虽然你可能有偏好的某一种固定角色，觉得某一种比另两种好，但其实大家都会在这三个角色之间不断切换：

受害者：你会感到无辜、绝望、幼稚、胆怯、遭到了不公平的对待。你会下意识地给所有想法蒙上一层悲伤的色彩：我做不到，我需要另一种出路，这是多么悲伤。你常常感到无助和被人拒绝。你不相信自己拥有找到解决办法的能力，而是让自己依赖外界的其他人、环境或金钱等事物。受害者善于操纵，让其他人为自己承担责任或采取行动。

迫害者：在冲突情况下，你会对别人进行批评、责备、投诉、取笑或嘲讽。你把自己凌驾于他人之上，从而贬低对方。迫害者往往无意识地通过愤怒来摧毁对方，不断批判别人或是社会环境中的问题，低估他人的价值和尊严。自己对于亲密的渴望，也被你认为是负面的。你的信念是你不需要别人。

拯救者：你总是乐于助人，随时准备安慰他人，即使他们没有想要或要求你这样做，你也会为他人着想并为他们承担责任。你不自觉地代入了自己的恐惧，通过为别人负责来满足自己的自尊需求。你贬低了自己对于亲密感和关注度的需求，也贬低了别人独立解决问题的能力。这样一来，你便能感到自己是被需要的，并由此获得生存的意义。

第9章 有意识地行动，而不是陷入情绪的旋涡中

　　这三个立场之间的变换是很有意思的：拯救者和迫害者认为自己还不错，并且认为受害者不太行，由此凌驾于受害者之上。唯一的区别是迫害者想要摆脱受害者，而拯救者则试图通过帮忙分担任务、交流等方式拯救受害者。拯救者通过家长般的作风和负责他人命运来建立自我价值。拯救者的座右铭是：我不放心你，我会为你代劳！受害者则自我洗脑：我不好，我一个人做不到，这对我来说太难了。受害者依赖于有一个救世主来拯救自己，而且他也需要一个迫害者，让自己可以继续自怜自哀。但这并不意味着我们总是或是必须扮演同一个角色。在有冲突的情况下，人们会非常动态地变换角色。所以，人们会觉得冲突像一场恶性循环：我有时候是迫害者，有时候是受害者，有时候又是拯救者。受害者、迫害者或拯救者无法脱离彼此，独立存在。有趣的是，在这个角色扮演的游戏中，受害者占据了最强势的位置。因为没有受害者就没有迫害者，也不需要拯救者。人们一直被困在这个三角形中，直到其中的一个人走出来，并为自己和自己的行为负责。

　　阿丽娜做到了。通过觉察自己的感受，她决定以一种新的方式和上司、孩子以及前夫相处。即使还是会时不时陷入旧的角色，但她越来越能够集中自己，以清晰的眼光看待情况，并据此客观地采取行动。因此，阿丽娜在工作中越来越自信，并且还在练习说"不"和设立边界，最重要的是她能够再次享受工作了，因为她现在完全有能力和头脑做好自己选择的项目。她和儿子们的相处也越来越顺利，在有意见冲突的时候，他们也能进行健康的争辩，让儿子们表达出他们的立场，阿丽娜不再不断地评判甚至贬低他们。结果皆大欢喜，家庭生活也比以前轻松了很多。阿丽娜发现，

对她来说最难的是放弃拯救者的角色，但她已经在努力练习将自己的需求放在首位，而不是对前夫的生活负责。自从她在现有的关系中表现得越来越清晰后，她也开始对新的关系感兴趣了。最近，她会和邻居一起约着慢跑，晚上还会和同事一起去电影院或者剧院。

> 你可以选择
> 是否继续扮演
> 受害者、迫害者或拯救者。

　　这个练习可以帮助你了解自己的习惯，你可以决定如何处理这种观察或觉知，你也可以在愤怒日记中做笔记。继续带着满满的爱和关注善待自己吧。

练习 15
受害者、迫害者，还是拯救者？

　　体会"戏剧三角"：
　　★ 在哪些情况下，你认为自己是受害者、迫害者或是拯救者？当时发生了什么？思考一下，你是否在与别人的相处或沟通过程中转变了角色？你担任过哪些角色？

> ★ 在与伴侣、孩子、老板发生冲突时，你最喜欢或者最熟悉的角色是什么？
>
> ★ 你是否觉得通过扮演这个角色，达成了自己的目标，改善或解决了冲突？发生了什么？
>
> ★ 在哪些情况下你被对方视为迫害者，在哪些情况下你会觉得自己是受害者？

你为自己的生活作选择——选择做什么、和谁做朋友、什么对你最重要。到目前为止，你如果觉得选择与内心感受并不一致，请再次选择，作出新的决定，把生活变成你想要的、值得的样子。考虑一下，你愿意为你的选择付出什么代价——以及你不愿意付出什么代价。找到对你来说真正重要的东西。如果你不想作出决定，请问问自己：我保留了哪些选择以及为谁保留？因为谁犹豫不决？我不作出决定，是出于什么动机？是理智、快乐，还是责任感？如果你决定选择 A，那么同时你也就带着觉知拒绝了 B。由此，你确定了优先级，并愿意为此付出相应的代价。例如，如果你从事的工作无法让你获得成就感，但是你又很喜欢公司同事间的氛围，因此不愿意主动辞职，那么，作为代价，你选择了继续忍受这份没有成就感的工作。

你如果想更贴近自己的需求，那么你就需要听从自己的中心去行动和说话。要做到这一点，请使用"自我"型信息："我需要……"，"这对我很重要……"，"我的需求是……"。不要推卸责任、指责和指望别人。为自己而活，遵从内心。当你采取行动并承担责任,作出决定并付诸行动时,当你在人际关系中表达自己的需求时,会发生什么呢?你可能会得到你所需要的东西。或者当你说出内心真实想法,而不是忽视或者压抑它,那么,即使没有得到想要的结果,你也会感到释怀。

第 10 章

会说"是"的人，也必须会说"不"

在我 11 岁那年，家里的一个朋友问我要不要做她小女儿的教母。11 岁就做教母？想到能够如此亲密地陪伴一个孩子成长，我受宠若惊，答应了这个请求，而我的爸妈甚至已经提前恭喜了我。然后，他们跟我谈起了作为教母的职责，我当然想把这件事做好——尽管我当时并不明白这个决定所带来的责任。实际上，事情的发展完全超出了预期，以至于我后来感到内疚和失败，没有一丝成就感。回想起来，我很后悔自己没有被教导如何说"不"，而且我也对父母一口答应而没有考虑这件事对我的影响而感到愤怒。

"是"或"不"，两者都会产生深远影响。对孩子来说，父母和看护人教他们如何根据自己的感受、能力、需求和愿望作出决定是很重要的。你是否习得这种清晰的能力？你的爸妈以身作则地为你示范了吗？当你反思这个问题时，是否感到不确定？不管有，还是没有，任何情况下都不会为时过晚，也许现在就是学习它的最佳时机。因为只有当你知道自己的"不"，即你的边界时，你才能真心实意地说出"是"。

为什么被压抑的"不"是有害的

你乐于助人吗？别人的看法对你重要吗？"天哪，要是你不在的话……""没有你，我就不可能做到这一切"……你喜欢听这样的话吗？你经常听到这些话吗？如果是这样，你可能会觉得拒绝别人的请求相当困难。觉得说"不"很难的人往往有种恐惧感，害怕对方在他们说"不"之后会不再喜欢他们，甚至担心对方会与自己断绝联系。这些恐惧通常源自童年时期。在孩子生气或者发脾气的时候，甚至在孩子说"不"的时候，有些爸爸妈妈选择责骂或者威胁再这样就不爱他了。父母通常不知道这会对孩子的成长造成多么严重的后果。正如我在第9章中所阐述的，孩子的自主性将被削弱，在青少年时期和成年之后，他们将很难维护自己和自己的边界感。他们不敢明确地拒绝别人，是因为他们不想重复痛苦的经历，并且已经内化了替代策略，通过做好事帮助他人或者勤奋地多做事来获得喜爱。有些人总是习惯性低眉顺眼地说"是"，是因为他们希望得到对方的认同、感激或是喜爱。他们想要取悦别人，渴望被爱。他们唯唯诺诺地顺从，乞求得到别人的认可。

忙碌了一个上午后，30多岁的海拉带着1岁的女儿琳恩，去学校接儿子安东回家。前一天晚上，她与小女儿一起睡，整晚都没能安稳地休息，她现在浑身酸痛，疲惫不堪。不仅如此，偏头痛发作的邻居还要求她清理楼梯间。她一边做，一边脑子里还在想着上午未完成的其他工作。下午4点，海拉在学校停车场等安东的时候，丈夫佩尔又打来电话，让她在回来的路上买点东西，这样他就不用再出门了。海拉感到晕头转向，但是，她不想拒绝别人。半小时后，她到了超市，心情很差，压力很大，琳恩睡在婴儿车里，安东在她身边嘟嘟囔囔。当他们终于到家时，儿子从车里跳下来，喊道："妈，把我的背包拿着！"海拉摇了摇头，看着他跑进屋里。她拿起背包，拎着买好的大包小包的东西，抱着小女儿慢慢地走进家门。

从小，海拉就内化了必须说"是"才能被爱这件事。结果，她失去了与内心的"不"之间的联系，经常被其他人操纵着。无论是有意识地还是无意识地，周围人总能准确地拿捏海拉，他们知道怎么做能够得到海拉的帮助，比如清扫楼梯间、购物、背书包。

你是否也曾有过有意识地避免冲突的经历？身边有哪些人是你无法拒绝的？你内心的动机是什么？是害怕负面的后果吗？如果你在日常生活中时常畏首畏尾、充满恐惧感，很有可能你没有尊重自己的意见，总是对他人的意见唯唯诺诺，而不是勇敢地坚持说"不"。做一只温顺的小绵羊可以让你逃避外部冲突，但是，与此同时，在你的内心深处，一场飓风正在肆虐，因为你正在越过自己的边界。你认为被爱和被需要的需求或者是对毁灭的恐惧更为重要，重要性甚至超过了你自己的需求。

在这一点上，我想鼓励你学会有意识地说"不"。当你说出"不"时，其实首先是接纳自己，而不是拒绝别人。你可以在不同的日常情况下练习说"不"。通过这种方式，你可以逐渐减少对拒绝的恐惧，以及对可能后果的焦虑。

练习 16
如果你说了"不"，会发生什么？

在你通常总说"是"的那些情况中，有意识地说"不"。这些场景可以是一些鸡毛蒜皮的日常小事，例如，有人试图在你面前插队。在说"不"之前，注意你在想什么。这些念头可以是：

＊哦，这事儿也没那么过分，我可以忍。
＊如果我说"不"，其他人会怎么想？
＊如果我说"不"，他还会喜欢我吗？
＊下次我需要他帮助的时候，他会帮我吗？

在说"不"之前体会你的感受。你感到：
＊焦虑——例如不安全感、紧张感？
＊快乐——例如释然感、轻松感？
＊悲伤——例如压迫感、沉重感？
＊愤怒——例如生气、怨恨、报复？

注意你的身体。你感到：
＊紧张还是放松？

第10章 会说"是"的人，也必须会说"不"

★ 热还是冷？
★ 颤抖还是稳定？
★ 柔软还是坚硬？
★ 掌心或者腋窝有没有湿？

当你真正大声说"不"时，体会你的感受。与之前的状态相比，是否有变化？对于你勇敢表达了拒绝，你的内心有什么评价？在愤怒日记中记录下你的想法。只有当你知道如何拒绝时——而且只有在这种情况下——才能带着觉知地决定什么是你真正愿意接受的，并且落实到行动上。

重要的是你要勇敢地站出来，捍卫自己的内心。这让你可以做自己，也能让对方做自己，即使你们发生冲突，也能够相信双方最终会找到一个解决方案。为了达到这种状态，有一个重要的前提条件：你和对方保持联系，并能够达成共识。无论发生什么，无论争论或冲突有多激烈，你都要选择积极地与对方保持联系。在我的伴侣关系中，我就和伴侣达成了一致，即使我们争吵再激烈，也永远不会在冲突的状态下提出分手。我们相互承诺，在彼此冷静下来以后，至少再见一次面，一起讨论并决定继续在一起还是分开。这样一来，被对方抛弃的恐惧感大大减少了，即使场面再难看，我也从不害怕分手。

通常，在双方停止交流、不再联系时，会造成分离、受伤和痛苦。但这并不意味着争论不能暂停，或者一方不能离开。相反，如果你或者对方需要休息一下，做个深呼吸，都是非常正常的，甚至是很重要的。通过这种方式，双方都可以充电，并且换位思考，了解如果站在对方的角度应该如何处理。当你们中的一个人精力充沛地退出冲突时，实际上是放弃了与对方沟通，可能会这样表达态度："根据你说的话，我知道你是什么样的人了，我不想再了解你的任何事，你根本不值得我花时间。我很好，而你不好。"退出联系的方式可能是通过不再问候对方，或者不再看向他，不再将对方视为交流的对象，来表达一种潜意识里的态度：认为对方会因为失去联系而感到害怕，因而不敢再继续表达自己的意见。

报复心理

对你来说，说"不"轻而易举吗？有一类人因为断然反对一切，所以对他们来说，说"是"是一件很难的事。你也是其中一员吗？你的"不"是出于反叛，还是有意识地为自己发声呢？你是想惩罚对方，让他坐立不安吗？还是你所做的一切都只是为了自己？有时候，拒绝纯粹为了报复。

报复的可能动机

* 没人听从我的想法。
* 我觉得自己没被聆听或是没被看到。

> * 我无法进行建设性的交流。
> * 我寻求正义。
> * 我要报仇。
> * 如果我受苦,对方也应该一起受苦。
> * 其他人应该体验一下我的感受。

在一群人面前让另一个人难堪,显然是一种公开的报复行为。而暗中报复则可能表现为,偷偷扎别人的车胎,或者在和同事外出见客户时,故意把同事急需的工作文件留在办公室里,还假装是不小心忘记的。无论是明目张胆还是暗地里进行报复的人,通常都会感到满足,至少在短时间内是这样。但是,为了与他人交流不同的意见,公开的辩论和交换意见更具有可持续性。然而,有时候我们并不总能得偿所愿,尤其是当对方选择回避,不愿意与你对话时。尽管彼此之间气氛紧张,但是带着觉知的愤怒的力量依然可以使我们保持联系。这种力量是处理矛盾的法宝。

还有一些人,通过说"不"来挑衅,主动引起争吵。这种人通常被戏称为"杠精"①。他们无意识或有意识的想法是:"我就要反对,直到你能找到一个极具说服力的论点让我信服。"从积极的一面来看,这可能是一种比较激进的建设性交流方式,但从消极的一面来看,这可能是一种报复行为,会让彼此的生活变得更难。当你意识到愤怒的力量时,你可以将能量转化为接纳或是拒绝,

---

① 网络流行语,指抬杠成瘾的一类人。

这样你就可以公开地、带着尊重和真诚向对方展示自己。在争论中，愤怒的力量可以帮助你有建设性地处理冲突。

接受风险

在生活中，矛盾和冲突是不可避免的。你想加薪，但你的领导不愿意；你喜欢红色沙发，而你的伴侣更喜欢白色沙发；你晚上想看惊悚片，但伴侣想去电影院看大片；你想跟伴侣进行灵魂交流，但是伴侣想进行更多的身体交流。这些情况都会导致矛盾的出现，因为大家的需求不一样。你会如何处理这些情况？你会坚持自己的主张，满足自己的需求和愿望吗？

我曾经很害怕冲突。如果无法避免冲突，我会尽力迅速恢复和谐的状态。为此，这些年来我培养了很强的同理心，能够理解并调和不同的观点。如果出现冲突，我会让不同观点都能各得其所，在最好的情况下，大家能够和谐相处。我需要这种和谐的状态才能获得内心的平静。

但是，就在几年前，一种新的思维方式令我大开眼界，也让我改变了自己的想法。我约了两个朋友吃寿司。我们仨好久没见面了，有好多话要说。享受完美食，我们谈到是否可以将2岁以下的儿童进行托管的问题，两个朋友持不同意见，于是她们唇枪舌剑地争论起来。这两个朋友都是年轻的母亲，而我不是，所以我一开始没有发表任何意见，只是饶有兴趣地听着。在双方都表达了各自的立场后，我发现自己陷入了两条看似不可调和的战线之间。我的手心开始出汗，脸颊发热。我非常希望可以中和她们针锋相对的观点，让餐桌上恢复一派和谐的气氛。于是，我试图调解，概括双方观点的利弊，可于事无补，这两个人依旧坚持己见。但是，在买单后，她们互相拥抱着道别——我很意外，她们还能如此热情、亲近地拥抱，并且她们愉快地约定下次再聚。我感到非常困惑，因为我无法理解这两个人怎么能在气氛这么紧张的情况下，还亲密地互相道别。在我眼里，那个夜晚开始得如此愉快，之后却争执得不可开交，完全是一个糟糕的结局。

在回家的路上，我分别给朋友和同事打了电话，讲述了这场冲突，以及我仍然非常紧张的情绪。而朋友告诉我，气氛是否和谐或者是否找到解决方案并不重要。更重要的是，这两位朋友互相展示了她们各自的立场。另一方面，作为观察者，我应该学会接纳她们之间的紧张关系和不同意见。朋友认为如果我能做到这一点，就能感觉轻松一些。一时间，我哑口无言，她的话触及了我的盲点。我立刻感知到，这是一个改变内心的重要时刻。多年以后，那晚的经历以及从朋友的谈话中学到的东西仍然在我脑海中挥之不去，并且鼓励我去接受冲突中伴随的紧张感。我接纳自己，相信自己的意见，说出自己的需求。我接纳你的意见，认同你的需求，同时也坦然接受我们之间的紧张关系。

> **"**
> 我接纳自己，
> 接纳你，
> 也接纳这份紧张
> **"**

如果你想改变自己的生活，了解并平衡"接纳"和"拒绝"两个极端，是重要的一步。这意味着你正在作出遵从内心的决定，而不是消极地看待冲突。体验冲突是有用的——尤其是当你尝试新事物并开始改变的时候。你可以随时随地在与任何人交流时进行以下练习，这些练习有助于你在日常生活中尝试新事物。

这里有一些建议：称赞你视作竞争对手的人；在搬运咖啡杯的时候，向级别比你高的人寻求帮助；如果你平时习惯穿色彩柔和的衣服，那么尝试穿颜色鲜艳的衣服去参加朋友的聚会。

练习 17
探索日常生活中的紧张时刻

设计一个实验，决定是否付诸实践，然后按照决定去做。最终的结果不重要，重要的是以下问题：

★ 你对开始这个实验的决定有什么感想？最先出现的是哪种感受？

★ 当你将决定付诸行动时，感受如何？如果你选择不实施，感受又如何？

★ 你现在感觉好吗？你的身体有什么感受？

★ 你如何评价你作出的这个决定？对你来说，这是一个好的、勇敢的，还是糟糕的、多余的、毫无意义的决定？

在愤怒日记中，记录你的想法。

希望本书的第二部分能鼓励你尝试愤怒。我总结了五个核心论点：

小结

* 清楚地阐述你将积极采取的行动，因为清晰度可以帮助你在各类关系中建立亲密度，并帮助你在平等的基础上进行沟通。

* 加强你的中心，找到你能健康地表达愤怒的方式。

* 感受愤怒的力量如何帮助你作出决定并让自己站出来。

* 当你跳出受害者—迫害者—拯救者的戏码，你可以有意识地行动起来，重新塑造自己的生活。

* 每一次冲突都是改变和深化的机会。

在接下来的第三部分，我们将更深入地探讨愤怒的力量，帮助你深刻了解内在的强化力量，并了解它如何为你的生活注入活力。

第三部分

将愤怒化作生命力

第三部

弁証法的生命観

第 11 章
换个视角重新认识愤怒

"愤怒有许多面貌"——这是本书的开篇之语。还记得你刚开始阅读时的感受和想法吗？你现在对愤怒的感觉——你的和其他人的愤怒，有何感受和思考？

如果要用一幅图画来表达愤怒的所有方面，那么，你必须使用多层颜料叠加：明暗交错，轻描淡写与浓墨重彩交叠，而且画作还必须充满动态的活力。结合到目前为止你在本书中通过阅读、实验，尤其是通过有意识地感知所学到的一切，尝试在你的想象中勾勒或是在纸上画出你的愤怒画卷。画完之后，请不带评价地仔细观察这幅画作，留意其不同的方面和细节。

在本章中，我会帮你认识到愤怒对你来说是什么，以及你可以从中得到什么。准备好重新认识愤怒了吗？或者你的内心仍有犹豫？你是否仍然感到抗拒，是否还是隐隐觉得你的愤怒是不受欢迎的？没关系，允许自己感知一切。

练习 18

心理的"年中报表"

请你为自己创造一个心理的"年中报表"。在愤怒日记中记下你的想法。

★ 你是否坚持了对重要事物的追求？不论是在私下里、工作中，还是日常生活中？情况如何？

★ 你感知得到你的愤怒在身体上的反馈吗？

★ 你是否愿意将自己的需求放在首位，并且为自己的生活负责？

★ 你是否清晰地知道自己的回答，何时为"是"，何时为"否"？

如果你对所有问题的回答都是肯定的，那么，你已经达成了能够使用愤怒并使生活充实的内在必要条件。你可以时不时地完善一下自己心理的"年中报表"，看看自己感知愤怒的程度。我们的感受并不是静态的，而是随着我们的经历和不断变化的生活环境而改变。

所以，请爱护自己、善待自己，并且记住：人类随着经历而成长——在生命的各个阶段，从小到大，从年轻到年老。人们总能一次又一次地感受到是什么在推动着自己前进，以及如何在社交互动中实现自己的需求。如果你在这一过程中顺畅无阻，那么，

第 11 章 换个视角重新认识愤怒

一切都很美好；如果陷入停滞，那么，你可能会牢骚满腹，怀疑人生。其实，两种情况你都会经历。愤怒会对你有帮助，尤其是当你感到无力时，因为愤怒给了你作出明确决定的力量，让你能够再次采取行动。为了加强愤怒的这一面，我想进一步拓宽你对愤怒的看法：愤怒是你对于做自己、接纳自己并减少自我怀疑的渴望。愤怒赋予你力量去做到这一切。请细细品味这些话。

> "
> 愤怒让你拥有
> 做自己的力量。
> "

如果我们用全新的视角看待愤怒，就能掌握这股与生俱来的核心情感中蕴含的巨大潜力。每个人都可以找到自己的路，识别绊脚石，跌倒后再爬起来。通过有意识地感知自己的愤怒，你可以让自己的脚下永远是坚实的土壤，一次又一次充满力量地站起来。

愤怒赋予你改变的力量

在第 3 章中，我们阐述了一些看待愤怒的"旧"方式。基于"愤怒是不好的"假设，我们会有很多理由拒绝接纳自己的愤怒（可回顾第 50 页的传统思维地图）。大多数人都不喜欢别人戴着"愤怒"的有色眼镜来看待自己。如果现在你以全新的眼光看待愤怒，即当你接纳愤怒时，带着你的洞察力和经验，接收愤怒传递的信息并学会适当地表达出愤怒，你就会明白：愤怒会让你的生活变得更好。愤怒很有用，可以在各种各样的关系中帮到你。

愤怒的新地图

这是在可能性管理中用到的新思维导图[34]，我另做了一些补充，请见下方。它提供了一些看待愤怒的新方法。

你的愤怒是能量和信息的中性来源，它会激励你：

* 有所行动
* 开始或结束某事
* 调整自己
* 开始新的尝试
* 终结自己不喜欢的事
* 让一切更清晰
* 作出改变
* 作出决定
* 同意和拒绝
* 问自己要的是什么
* 设立边界
* 承担责任
* 意识到不公正
* 保持完整性
* 表明意图

* 信守承诺
* 聚焦重点
* 观察自己
* 为某事或某人表明立场
* 保护自己
* 采取措施

从这种方式来看，愤怒在许多的日常情况下都会使你受益，因为愤怒是行动的燃料。它让你在需要改变的时候能够有所行动。它可以帮助你为自己发声，为某事、某人或自己挺身而出，乐于接受改变，并且通过为自己负责和勇敢面对的行为使生活更好。

保罗的爸妈住在城郊的一所小房子里。每次保罗去探望时，都会注意到爸妈多年以来囤积了大量物品，而让他们把这些东西清理掉非常困难。他真切地感受到了爸妈生活空间的逼仄和他们作为年迈老人的无力感。夏季疗养假期间，他鼓起勇气与爸妈谈起了那满是垃圾的车库和杂乱不堪的地下室。妈妈无奈地点了点头，爸爸则耸了耸肩。于是，保罗主动提出帮助他们清理这些杂物。

妈妈的反应让他感到很意外。她很感谢保罗，对他提出帮助感到高兴。在进入地下室的时候，保罗几乎丧失了勇气。应该从哪里开始？愤怒告诉他，这种混乱让他感到非常不爽。于是他开始积极地清理东西，在与父母协商后将它们扔掉或是送人，或者是把其中一部分东西摆放到新的合适的位置。到了周末，地下室和车库都焕然一新。保罗松了一口气，这些杂乱的东西终于被清理掉了，他觉得很高兴，以后爸妈可以住在一个干净整洁的环境里，而他来看望他们的时候也不会再觉得不舒服了。他的爸妈现在可以更轻松舒服地使用园艺工具和家具，他们也很高兴。

练习 19
作出承诺

拿出你的愤怒日记。想想那些你希望承诺或答应朋友、伴侣、同事的事情。把它们写下来，并注明你想什么时候将这些事落实到行动，以及如果不落实的话，你准备怎么办。有机会的时候，告诉对方你答应会做的事情，并且尽力做到信守诺言。如果未能做到，也要承担相应的责任。当你信守诺言的时候，你观察到什么？如果没做到，又观察到了什么？观察你的身体、想法和感受。

这个练习可以帮助你更好地带着觉知与他人相处，并积极塑造自己的生活。承担责任意味着如果你不能或不想遵守诺言，就直接告诉对方。你不需要过多解释，只需要对发生的改变负起责任就足够了。

找到你的人生愿景

所有将自己的需求放在一边,为了满足他人的需求而让自己变得卑微的人,都没有做到对自己坦诚。请记住第 15 页有关阿丽娜的例子,她独自抚养三个儿子,总想取悦每个人,却忽视了自己的感受;或者是托本(第 46 页),当他的愤怒都快要达到顶点的时候,却还在为女朋友的虐待行为辩护;希尔克也是如此(第 35 页),她从未和老板把工作中的事情说清楚,并且把自己的挫败感发泄在伴侣的身上;亚里安(第 71 页)则在意识到自己的需求后才停止犯罪生涯,他伤害了自己很长时间,直到他最终决定为自己和自己的生命负责才醒悟过来。在哪些生活情境中,你会把自己变得渺小,对自己撒谎,忽略对你来说真正重要的事情呢?无论是在亲密关系、家庭生活、与同事和上级的互动中,还是在日常的人际交往中——只有你知道自己热爱什么、需要什么,才能真正在与他人的相处中做到为自己而活。当你意识到这一点时,你离实现自己的人生愿景又近了一步。

练习 20

愿景时间

花点时间做这个练习。回想儿时的梦想。让自己感受内心深处的渴望。

★ 你想在生活中做什么?你想体验什么?你理想中的生

活是什么样的？

★ 是什么激发和鼓励着你，让你有所进步、改变和行动？

★ 哪些人对你很重要？在哪些关系中你可以真实地做自己？

如果这个练习对你有影响，并且之后的几天你仍然满脑子都是这些问题和想法，那么，请改天再继续练习。你也可以用愤怒日记来记录最先和之后才引起你注意的事情。

有一些人极力回避内心的欲望和愿景，因为这些情感会让我们采取行动，促使我们变得积极并且承担个人责任。它们提醒我们，过去可能为了满足他人的梦想或是愿望，而将我们自己的欲望放在次要的地位。也许这是一种痛苦的经历，但也为之后充满活力和轻松地生活铺平了道路。用你的愤怒来传达明确的信息吧。

清楚明白地为自己而活

通过了解自己的愤怒，你也了解了自己的期许。愿景让你明白生命的意义。愤怒的力量使你的内心更加清晰。你知道什么对自己有好处，知道自己想要什么、想做些什么。有了这种转变之后，在他人面前温和而清晰地表达你的决定将变得越来越轻松。你将（重新）掌握自己的人生方向，根据自己的能力和想法确定方向和步伐，全心全意踏上属于自己的旅程。愤怒消除了你的自我怀疑，

第 11 章 换个视角重新认识愤怒

增强了你对自己的信任,并在人际关系中为你提供了必要的力量和清晰度。

  艾拉和塞巴斯蒂安养狗已经一年了。奥斯卡是一只活泼的混血小公狗,它经常在沙发上上蹿下跳,这让塞巴斯蒂安很不开心。每当奥斯卡这样做时,塞巴斯蒂安就会很不高兴地叫艾拉过来看看发生了什么。"艾拉,你看到了吗?又是这样!"艾拉知道塞巴斯蒂安的意思,这也不是第一次了。塞巴斯蒂安总是愤愤不平地说道:"奥斯卡总是在沙发上跳来跳去!那都是因为它小时候你老是把它带到沙发上,现在你还是总在晚上坐在沙发上吃零食,让它嘴馋。"每当这时候,艾拉总能感觉到自己的胃里一阵灼热,她想尽快结束这种剑拔弩张的氛围。虽然她一点儿也不觉得奥斯卡选择沙发的一角作为自己的位置有什么问题,但她总是严厉地喊道:"奥斯卡,马上给我下来!"如果奥斯卡不明白她的话是什么意思,只是无辜地抬头看着她,那她就会跑过去,把奥斯卡从沙发上赶下去。

  一个星期六的下午,艾拉作了一个与往常不同的新决定。在塞巴斯蒂安再次指责她之后,她感觉到胃里的怒火渐渐升腾,她说道:"塞巴斯蒂安,你给我听好,我不会再因为你心情不好而做事了。如果奥斯卡在沙发上跳这件事让你感到很不爽,那么你就自己去管它,要不你就忍着。"

  自那天起,艾拉决定不再为塞巴斯蒂安的情绪负责。相反,她为自己挺身而出，使用"自我"型信息，表达了她不愿意再做的事情，用清晰明确的沟通方式，表明了自己对自己负责的态度。她告诉塞巴斯蒂安，他的愤怒是他自己的事，她不会再对此负责。

你是否遇到过类似艾拉的处境，反复把自己的需求放在一边，根据别人的需求行事？你是否曾在这种情况下自发地作出决定，作出跟以往不同的行为，从而开始新的发展？这些情况都告诉我们不必陷入死胡同，完全可以转身选择不同的道路。我们需要的只是决策能力和清晰的思路而已。

你也可以为自己挺身而出，练习清晰地沟通，为自己而不是他人负责。以下是一些关于如何与他人清晰沟通的建议：

* **表达你的愿望和需求**。对自己坦诚会让你更容易为自己挺身而出，并与他人分享你最真实的一面。

* **坚定表达意见**。不要模棱两可、来回摇摆，也不要淡化自己的观点。

* **倾听对方的意见并了解他们的观点**。

* **用"自我"型信息来表达**。从你的词汇表中去掉虚拟语气。带有虚拟语气的表述示例："我还挺想去听一场音乐会的。你会愿意去吗？"这种沟通方式给人的印象是，你是否去听音乐会取决于对方的回复。真的是这样吗？在你的意志和欲望中找到清晰度。去除虚拟语气后的表述示例："我准备去听音乐会。你想跟我去吗？"

* **清楚地表达你的意见，并以具有约束力的方式与对方交谈**。避免使用将你话语的确定性变得模棱两可的措辞。包括以下这些词：也许，可能，大概，恐怕，有时候，在某些情况下。举个例子："我在想，要不要去听一场音乐会，而且不知道你会不会可能

第 11 章 换个视角重新认识愤怒

也想去呢？"除非你问出明确的问题或者说出你想要什么，否则你不能指望对方给你一个清楚的回答。

* **避免重复或者委婉隐晦的表达**。示例："我挺乐意和你一起去听一场音乐会的，但是你可能没有时间吧……所以，我已经问过 ×× 了，问她是不是也想去。"很显然，通过这种说话方式，不太可能和别人进行良好的互动。

愤怒的力量让你能够在生活中作出积极的改变。当你不再拒绝自己的愤怒情绪，而是将它们融入生活中并且学习使用它们，你将体验到一种丰富而充满活力的全新感受，同时你也会越来越多地微笑起来。尝试着与内心保持一致，当有人侵犯你的自主权或者尊严时，挺起胸膛，立稳脚跟，不要屈服或者贬低自己。如果你能做到，这将释放你内在的力量，而这股力量会为你带来底气和成长。现在，你要学会的最重要的能力之一是设立边界，也就是下一章的全部内容。

第 12 章

设立边界—彼此妥协—互相合作

作为成年人，我们要为自己的边界负责。为此，我需要了解我的界限在哪里。当有人在街上接近我时，我会感知到吗？当外界的意见或指控越界时，我能否察觉呢？我知道喉咙被堵住或胃里翻涌的感觉是在传递什么信息吗？膝盖的颤抖或是手心出的汗是想告诉我什么？当你感到不适时，身体可能出现的反应包括紧张、发热、发冷、僵硬，或是想攻击的欲望。这些来自身体的信号是关于你的界限的信息来源。它们使你明白作出应对、采取行为、对话交流对你是有利还是有害。

上一章中的艾拉终于听到了自己身体发出的信号：塞巴斯蒂安的指责引起她日益强烈的愤怒感，并反应在胃部的不适上。很长一段时间，艾拉没有觉知到身体的感受，直到她清楚地感觉到她对塞巴斯蒂安那天的行为非常愤怒。通过表明自己的界限，艾拉对自己负责，反过来要求伴侣也对他自己的感受和需求负责。只有明确地表明边界，才能打破愤怒、坏情绪和责备的恶性循环。几天后，艾拉和塞巴斯蒂安没有因为狗的问题而陷入关系危机，相反，他们试着边喝葡萄酒边敞开心扉聊天，两人分享了彼此的观点并互相倾听。

第 12 章 设立边界—彼此妥协—互相合作

自从他们开始养奥斯卡以来,这还是艾拉和塞巴斯蒂安第一次平静地讨论一起养狗的规则。塞巴斯蒂安在那天晚上终于向自己和艾拉坦承,其实他对奥斯卡感到某种嫉妒,因为尽管艾拉对干净整洁的要求极高,奥斯卡却可以为所欲为。这也引发了艾拉的反思,她意识到自己一直把奥斯卡视为那个特别需要宽容的小狗,所以在它胡作非为时总是睁一只眼闭一只眼。还是同一天晚上,艾拉和塞巴斯蒂安在互联网上搜索了附近的狗狗学校。此外,他们还作出妥协,未来在沙发上放一条专用的毯子给奥斯卡。奥斯卡可以在沙发上,但是仅限于毯子所在的区域。双方都愿意对共同作出的决定负责并采取相应的行动。

从艾拉和塞巴斯蒂安的例子中可以看出,边界是主观的。一件事对一个人来说是错的,对另一个人来说可能完全没问题,甚至是可取的。每个人都有自己的感受、需求和界限。只有你知道自己的边界。我们经常错误地将自己的价值观和规范强加到他人身上,然后我们会惊讶于对方的行为和我们预期的不同。边界让大家变得清晰、放松,并提供了方向。这也是孩子们经常寻求和测试界限的原因。如果你能适应并依赖边界,你就会体验到清晰感和安全感。

如果我们避免表达自己的边界,并且期望别人来猜测,那么我们的界限很可能不会得到尊重。在这种情况下,遵守边界与其说是为自己创造了一个安全的空间,不如说是一个愉快的巧合。

如果你不想把一切交给概率，那么，就请表明你的边界并坚守下去。你的内在稳定性可以为你提供支持——在第 98 页有一个关于内在稳定性的练习。因为如果你能坚持自我并且明白自己的需求，你就会感觉到自己的边界。你也可以问一下自己的直觉：在这种情况下，我感觉怎么样？我有没有安全感？如果我不设置任何边界，是合适的吗？还是我需要为自己找寻清晰度？

表明自己的边界

几年前，当我尝试拿自己的愤怒做实验时，我很快发现，感知自己的边界并在认为有问题时就及时表达出来是一种极大的解脱。直到那时，我才意识到我为了维持和谐投入了多少能量：抚平争议，解决纠纷，做老好人，照顾到每个角落，让每个人都开心。显然，我失败了无数次，因为每个人都有不同的需求——例如，有时他们需要解决自己的冲突，或者因为分歧本就是他们生活的一部分。我永远无法取悦所有人。

有一次，我第一次清楚明白地、有意识地拒绝了别人，那种洒脱感令我印象深刻。当时，朋友玛丽正在计划一个研讨会，并为此设计了一份传单。之前，她曾在朋友聚会上拍了照片，问我是否可以使用我的照片做广告，我拒绝了，之后我们就没有再谈论过这件事。但是，当她展示草稿时，我惊讶地发现自己赫然被印在册子的封面上。玛丽通过电子邮件把草稿发送给我，并对成果感到非常兴奋。我感觉到自己的下巴收紧了。玛丽忽略了我的请求，我感到非常不高兴。我将注意力集中到自己身上，感知到我的中心。我明白自己仍然不希望照片被印在传单上。"不行，玛丽，我之前就告诉过你，我不希望自己的照片被印在传单上，我会坚持这一点。"玛丽愣了一下，然后为没有认真对待我的意见而道歉。最终，她找到了一个新的解决方案。

当我带着百分之百的自我意识说出"不"时，我感受到了一种清晰的自我觉察：如果我对自己和愤怒都保持坦诚和紧密的联系，我就可以做到对自己负责。尽管说"不"耗费精力，但与追求中庸的和谐不同，愤怒的力量给了我必要的能量，它就在我体内，像加油站一样待命。说"不"之后，我并没有感到身心俱疲，相反，我感到自己更加坚强。如果你用全部的愤怒说"不"，你不会感到疲惫，因为你是在对自己说"是"，你获得了内在的力量。你只是为自己而活，并不是为了反对他人。

下面的练习会帮助你了解身体正在发生什么，以及当你说"不"时会出现哪些想法。

练习 21
带着意识，勇敢说"不"

你可以在日常生活中练习说"不"。问自己以下问题，并在愤怒日记中记录你的答案。

★ 当我说"不"时，我在身体里感知到了什么？有什么感觉？

★ 拒绝别人后，我有什么想法？可能的想法如："我害怕你的反应""你还爱我吗？""你现在会离开我吗？""你会因为我的拒绝而惩罚我吗？""我不应该这么做。"

注意你的想法，允许它们自由发展，然后集中注意力，关注自己的感受和拒绝行为。找出脑海里的想法是从哪里来的。然后，回想一下你产生这些想法的情境。当你坚持自我，说出"不"时，你是什么感受？

能够感觉到自己何时突破边界、何时感到不舒服、何时生气，并且需要改变，会对你的意识产生影响，从而影响你的幸福感。你越是关注自己的界限，就越能活好当下，做好自己，和别人更好地相处。你感觉越舒服，也就越健康。

保持联络

许多人将意见分歧和冲突视为关系的中断。日常生活被打断，和谐被打乱，可能会发生边界冲突或变化。至于结果是分开还是合作，则取决于你如何处理自己的愤怒。因为只要你不在沟通过程中表达自己的愤怒，没有真正地输出自己的观点和需求，你与对方建立的就是虚假的联系、表面的和谐。

愤怒的情绪，其实可以传递亲密感。一方面通过与对方的摩擦以及与他们观点的交锋，另一方面通过清晰的表达，我们传达

第12章 设立边界—彼此妥协—互相合作

了这样的信息："我不是在敷衍你，我说的话都是我内心最真实的想法，在你面前真诚的沟通对我来说很重要。"

重要的是，你要完整坚定地传达你的界限。保持与对方的眼神交流，即使在表达对对方的批评、与别人有冲突或是提出具有挑战性的反馈之后，也要与对方保持个人接触，而不是回避和逃避交流。向对方主动迈出一步，不要等他或她向你走来。但是，寻求交流的目的不是缓解紧张的氛围或是试图弥补，而是即使在紧张的情况下也要保持联系——保持存在感、保持与他人的交流。起初这可能会让你觉得有些不习惯，甚至可能会感到不舒服。如果是这样，请意识到你的"不"针对的是他人的部分行为，而不是他们的整个存在。例如，你可以说："你的这个方面让我觉得烦扰、生气，我希望你有所改变。但是，不管这方面如何，我依然珍视你这个人。"

区分人的整体和行为，在与儿童交流时尤为重要。孩子们需要并不断寻找清晰的边界来明确自己的定位，但与他人的联系和相处对他们同样非常重要。否则，他们会害怕失去一段关系，并且认为别人对他们说的"不"是针对他们整个人的。于是，他们会得出"我做错了"的想法，并且想尽一切办法再次被爱。他们会尽可能作出别人想要的行为，并非他们理解了为什么这种行为很重要，而纯粹因为他们不想失去父母的爱。许多人成年以后仍然会害怕失去一段关系，因此经常会自动作出小时候面对父母时习得的反应——也许是过于顺从，也许是反对独裁，也许是避免冲突。好消息是，即使是成年人，仍然可以学习并利用愤怒的力量来找回真实的自我。

寻求妥协——代价是什么

如果你活得循规蹈矩，并且把别人过得好不好放在第一位，那么你肯定很善于作出妥协。如果你的新朋友很想去一家离他家不远的餐厅吃饭，但是餐厅离你家很远，你过去很不方便，你会怎么做？或者你想在周末好好休息一下，但是你最好的朋友打电话来让你帮她装修房子，你会如何回应？如果你不按照她的计划行事，你会不会担心她生气？你会不好意思说出自己心里的想法吗？你会根据别人的意愿行事，事后又不开心吗？在这些时刻，你是不是觉得自己正在越过自己的边界？或许这个晚上、那个周末还是很美好的，你会忘记这些不快。但也有可能你不喜欢朋友家附近亚洲餐厅的泰式咖喱，或者你在帮朋友装修后，周日晚上筋疲力尽地倒在床上。你会责怪自己，还是责怪别人？你是表达新的愤怒，还是继续在心中压抑这团怒火，等到下次某件事成为导火索时再发泄出来？

存在冲突的情况下，越过自己的边界通常会导致不公平的妥协。比如放弃回家取夹克，因为跑回公寓会导致你和朋友去剧院看戏迟到，但这意味着你在看整场戏的时候都无法专注，因为你的注意力全部集中在身上起的鸡皮疙瘩和浑身发冷上。这意味着你作出了让步，但这些让步对你并不好，或者如果诚实面对自己，其实你并不愿意作出这些让步。当你认真对待自己的愤怒时，你也会认真对待你的边界。因此，妥协时要始终关注你为此付出的代价。如果一项妥协让你违背了你所重视的价值观，那代价就过于高昂。你需要问问自己是否愿意付出这样的代价。同样，如果

第 12 章 设立边界—彼此妥协—互相合作

你认为你必须扭曲自我去寻求一个共同的解决方案，或者采取违背你内心态度的行动时，考虑一下这是不是你想要的。好的妥协是双方都可以接受的让步，在不以任何形式侵犯任何一方的尊严、价值观和边界的情况下达成共同的解决方案。这样的妥协才能让双方在冲突中共同成长。

42岁的安德烈亚斯和朋友马丁合住在一楼带花园的公寓里，他渴望拥有一个菜园，和马丁一起种菜。为此，他已经购买了一些材料，并且高兴地在周六早上告诉马丁他的想法。然而，想和朋友在花园里开派对的马丁并不是很喜欢这个想法，他心里已经想象出小花园万紫千红的样子。于是，当安德烈亚斯列出他计划种植的所有蔬菜时，马丁感觉脑袋嗡嗡作响。他觉得自己的心跳加快，几乎无法控制自己，然后他忍不住爆发了，说他不想要这些，并觉得安德烈亚斯一个人自说自话的行为真的很蠢。其实在心里，他是因为安德烈亚斯的贸然举动而感到不知所措。安德烈亚斯也感到很愤怒，他不再解释。马丁生气地走回屋里。过了一会儿，安德烈亚斯试图再次与马丁交谈，并问道："能跟你谈谈我对菜园的设想吗？"马丁既紧张又期待。他一方面害怕安德烈亚斯那些烦琐的计划，另一方面又觉得很高兴，因为安德烈亚斯想让他一起参与计划。

两人在花园的桌子旁坐下。"我想在花园后面弄一小块地种玉米、菠菜和土豆。还可以在花园的房子旁边种豌豆、大头菜、胡萝卜和西红柿。在厨房窗户前种一点香葱，那样做菜时会很方便。而且我们可以在派对场地附近种草莓,那里避风,环境很好。露台这里也许我们可以搭建一块苗圃,你觉得呢?"安德烈亚斯坐得笔直,仔细观察马丁的反应。他有些担心,甚至手心都出汗了。马丁沉默了。搭档对于把花园改造成菜园已经投入了这么多的精力,并且想得如此周到,这让他感到惊讶。短暂的沉默后,他说道:"安德烈亚斯,我一点也不喜欢把露台打造成苗圃的想法,这会大大占据原本属于派对的空间。"有那么一瞬间,他几乎可以听到花园桌旁紧张的呼吸。然后,马丁作出了让步:"如果我们在露台的边上放一个小一点的种植箱,里面种几株草莓,怎么样呢?"安德烈亚斯突然笑了起来,因为他也曾经想过这个计划。"好啊,种植箱也不错。"于是,马丁接着补充说:"露台上呢,我们可以摆烧烤架,在角落里再放一条长凳。"安德烈亚斯微笑着,轻轻地点了点头。

马丁和安德烈亚斯的例子展示了不同的愿望和需求。因为双方都将他们的愿望和界限在交流中说了出来,所以他们才有可能彼此妥协,找到一个共同认可的解决方案。

合作——亲近感和距离感

以下例子展示了关于亲近感和距离感在日常生活中的重要性:

安德烈下班回到家,他将外套挂在衣帽架上后,从身后走近坐在桌边玩手机的妮可。安德烈没有看妮可一眼,只是随意打了个招呼,并在经过她身旁的时候匆匆吻了她一下。然后他就在沙发上坐下,开始目不转睛地玩手机。

我们不会对这样的日常多想,可能也不会去细究这样的问候是出自真心,还是只是机械的动作。安德烈和妮可的互动是程序化的——似乎有一种默契。但这种交流方式真的适合他们吗?安德烈真的想亲吻妮可吗?或者说,妮可想在那个特定的时刻被亲吻吗?只有他们自己最清楚。如果双方都对自己的空间负责,这个过程会是什么样子?也许安德烈需要确保自己受到欢迎——在他回到家的时候,妮可会作出高兴的反应。另外,对于妮可来说,他们在亲吻之前,先进行眼神交流可能也会更好些。

我们是否了解自己和对方的状况?我们现在是否想被亲吻或拥抱?这样的互动是否符合我们的节奏?人际关系中的亲密感和距离感——即使是在伴侣关系中——也不能遵循任何外部准则,必须在相处中一次又一次地探索和重新定义。只有这样,合作关系才是成功的。

在职业生涯中,合作共事往往是产生不和谐的原因。同事之间的情绪往往决定了团队合作的方式。当我们觉得自己掌控全局时,我们更愿意合作。如果我们害怕被踢出团队或是被对方主导,我们就不太愿意合作。在你的工作中,情况怎么样?你对于工作中的合作是什么态度?观察你什么时候会孤立自己,以及在哪些情况下你会避免与同事交流。你是否经常怀疑自己的表现?是否因得不到认可而烦恼?这些想法和感受可能会导致你避免与同事建立关系。了解自己是如何避免与他人交流以及如何与他人建立联系的,能够帮助你提升合作能力。

领导们很喜欢组织大家进行小组协作。而且,他们还非常喜欢安排男同事和女同事一起协作。人们并非总能选择自己想要的合作对象:

新入职公办学校的乌米特,被指定和娜塔莉组成团队,共同管理七年级。从两人第一次见面起,娜塔莉就表现出领导角色,她向年轻的同事乌米特详细而友好地解释了根据她的经验团队应该如何进行合作,并且交代了重要事项。乌米特在谈话中对娜塔莉那种好像自己无所不知的态度产生了反感,但是他并没有意识到,也没有打断娜塔莉表达自己的意见。乌米特开始在接下来的几天里尽可能地避开娜塔莉,独立熟悉工作。这天,娜塔莉通过电子邮件问乌米特是否有空开个定期会议,交流有关班级事务的工作进展。她还建议周一有空的时候一起开会。乌米特心里充满抗拒,开始想象会议会如何进行。虽然太阳穴突突直跳,但他还是答应了。

等到周一见到娜塔莉时,她的话让乌米特大吃一惊:"你是怎么做得这么好的?你感觉工作还顺利吧?我觉得你的工作组织得井井有条!"乌米特很惊讶,然后说道:"谢谢,我还以为你希望我按照你的方式去做呢。"娜塔莉感到很意外:"真的吗?你怎么会这么想?"乌米特解释说,他在第一次谈话后就产生了这种印象。娜塔莉大笑起来:"不好意思,有时我会说太多。如果给你造成了困扰，请一定告诉我哦。"乌米特感觉娜塔莉心里确实是这么想的，于是松了一口气。在之后的合作中，两人建立了很好的协作关系，相处得非常愉快。

产生疏远的距离感往往缘于错误的认识。与乌米特一样，在第一次见面后，他认为同事冒犯了自己，开始避免与对方交流。如果你想保护自己的边界，请注意你的感知。健康的距离感并不意味着避免交流，而是找到适当的亲疏距离，并保持良好的沟通。

现在乌米特和娜塔莉会定期见面交流想法。对乌米特来说，重要的是他参与了团队合作，在合作中允许亲密关系的存在，但如果有必要，也可以通过设置边界来拉开自己与对方的距离。

练习 22
掌握亲近感、距离感和反馈

拿起愤怒日记，记录下你的想法。

★ 你如何与他人相处？亲近感和距离感之间的尺度把握得合适吗？你是否（经常）与别人的距离过于亲近？观察身体向你发出的信号，例如在地铁上或者谈话中有人离你太近时。

★ 在日常接触中，你是否感到距离感很强？你会想更靠近一点吗？想想你如何能创造出更多的亲近感：在身体、心理、情感或语言的层面上。

* 观察你对反馈的反应以及它对你的影响：你更倾向于进攻型防守还是抵御型防守？

* 当你给某人反馈而对方产生防御时，你感觉如何？把这些感受收集起来。

* 试着有觉知地把对方的反馈作为礼物来接收。

* 练习使用你的目光、手势和语言来清楚地表达你的边界，并对对方表示感谢。

心理学家维蕾娜·卡斯特认为，愤怒会打断关系的进程。我们暂停是因为"边界清理"[35]是必要的：为了使关系继续下去，必须设立、捍卫、改变或消除边界。因此，感受自己的边界很重要。只有当你可以通过感受体内的愤怒来获得觉知时，你才能作出决定并采取行动。

在下一章中，我们将探讨愤怒的力量如何帮助你在日常情境中，带着觉知尽情感受，充满活力地活出自我。

第13章
日常生活中愤怒的力量——改变压力状况

你是否经常不想感知自己的感受和情绪？怎么会这样呢？这可能是因为你已经将愤怒、恐惧、快乐和悲伤等情感都视为普通的反应。感觉是能量和信息的来源，是为你保存信息的来源。在第4章中，我们了解了麻木阈值。通过麻木阈值，你无意识地决定了愿意感知情感的强度。如果你真实的情感表达长期被周围人一再排斥、谈论或嘲笑，你很有可能不再相信自己的感受，并且否认它们，通过某种方式麻痹自己。由此，你提高了自己的麻木阈值。

大多数时候，将情感麻木作为一种生存策略的决定是人在童年时期作出的，但对真实感受的压抑却一直延续到成年以后。由于麻木阈值很高，人会无法觉察需要改变的感受，也难以主动作出改变。本章将探讨如何降低麻木阈值，并解析其对日常生活和人际关系的影响。

降低麻木阈值

你有没有发现一个现象：当你越是细致地观察某些事物，它们就会变得越复杂、越详细？还有，你越把注意力集中到某个人或某件事上，你遇到这个人或这件事的概率就越大？例如，当别人第一次把天上的猎鹰指给你看以后，你就会在大自然中一次又一次地注意到猎鹰。我们的能量会跟随注意力的集中而集中，即跟着我们的焦点进行转移。你如果仔细了解一件事物，你可能会意识到它不止一种样子。它可能会在你的思考过程中发生变化，并且可能会为你打开新的视角。而感受这件事与观察一样：当你降低了麻木阈值，看到的就更多，感知会变得更细致，认知也更深入。但是，如何才能降低麻木阈值呢？

为了降低麻木阈值，你可以探索自己的感受——最好是在一个受保护的空间中，以一对一或者以小组的形式——在一名经验丰富的陪伴治疗师的引导下，让感知逐步增强并适当地表达出来。这种情绪的表达是通过你的身体显著地体现出来，而不是安静地在你的头脑中发生。你只需按照自己的节奏进行，陪伴治疗师会帮助你，确保你只在（神经）系统允许的范围内增加感觉的强度。你可以感受到1%到100%之间的情绪。在第一次训练时，你可能会感到愤怒的强度高达65%，也有可能只有35%，甚至只有10%。但是，你感受到的愤怒百分比并不重要，重要的是，你要让愤怒发生，给它一个表达的出口，从而深入了解它。

陪伴治疗师需要确保你不混淆自己的情绪，能够将每种情绪分开，并且清晰地感受它们，因为混合的复杂感受常常会演变成一种防御机制——当两种情绪被混淆时尤为如此。如果在某种环境中孩子不被允许明确表达对意见分歧的愤怒，那么，他可能会为了适应环境而削弱自己的感受力。例如，孩子可能将悲伤与愤怒

第13章 日常生活中愤怒的力量——改变压力状况

混合在一起，然后又哭又生气。如果孩子再把快乐的情绪也掺杂进去，那么，他可能会发表愤世嫉俗或冷嘲热讽的言论，或者扮演起"小丑"的角色。由于作出了适应性行为或者压抑了表达愤怒的欲望，他很可能会有无法改变任何事情的无力感。

你或许也遇到过类似的情境：你觉得在对方身上观察到的感受对你来说毫无意义。比如，有一位女性朋友伤心地跟你说起，从小到大，她的父亲从来没有表扬过她，即使现在她成为一名在职的母亲，她的爸爸对她依然没有任何认可。说起又要去看望父亲的事情，她用力揉了揉自己的锁骨区域，直到那里的皮肤都发红了。光是从这些动作中表现出来的愤怒，就可以窥见她从小就经常陷入悲伤情绪，她不被允许作出任何反抗。当她意识到自己被压抑的愤怒并且能够在安全的空间中将这些愤怒表达出来，从而接受自己的过去时，再次面对父亲，她也可以开启不同的行为模式了。要实现这种转变，首先需要对自己的感受和感知进行深入挖掘，唤醒那些深埋在心底的情感。

在"情感挖掘"的初期，长期被压抑的感受通常以童年时期的方式表现出来（例如，无声的踢腿和纯粹的喊叫，因为许多孩子在会说话之前就开始压抑愤怒了）。感受的治愈过程通常只需要几个月，之后，你便可以将自己的感受调整到符合当前的成熟水平，并能够用成人的方式表达它们。

如果经过一些练习，你能百分之百地感受并表达四种情感中的一种，那么你的个人系统中就会出现一个开关。突然之间，你会意识到，自己比情绪更加强大。是你在掌控情绪——而不是情绪在牵着你走。你拥有情感——而不是情感掌控了你。这是一种彻底全新的生命感知，仿佛那包裹住你的茧终于被打破了。

成熟的神经系统可以让人获得百分之百的、强烈的情感体验，并让人充分地表达情感，或者在内心品味情感却不必表达出来。你的情感管道被清理干净了，你的麻木阈值下降了。现在你能尽情感受，因为你已经接纳了自己的情感，并且明白即使强烈地感知自己的情感也没什么大不了的，你照样可以活得好好的。凭借100%的情感体验，你已经扩展和改善了你的情感能力。现在你的能量能够以情感的形式自由流动，即使是低强度的情感，也能向你传递信息。你可能会在愤怒达到3%时便察觉到问题，并为自己设定一个5%的愤怒界限。但是，如果你的麻木阈值非常高，你只能在愤怒已经达到80%的时候才意识到——这时候，你已经气到要把杯子摔到墙上去了。通过有意识地挖掘情感，你能够降低自己的麻木阈值。

当人们第一次听到"情感挖掘"时，他们经常会不以为然地一笑而过，他们会说："不用了，谢谢，我的生活已经够热闹的了！"他们认为，"情感挖掘"会把生活变得更吵闹、更累人，但是，情况恰恰相反。如果你的麻木阈值比较低，你就会自然而然地更具感知力。由于不需要再压抑情感，而是让它们在你的系统中自由流动，你的感受就会比以前更早地向你传递讯息，并且强度要低得多。这使你能够更早地作出反应，并且消耗更少的能量。由此，你的生活会变得更加平和、更加轻松。与此同时，你对周围事物的感知强度和活力也会增加。这种变化仿佛带你进入了全新的感知维度。你变得更能够专注于当下，并从周围环境和内心世界中得到更多体验。你对自己的感知越多，你对他人的感知和感受也

第13章 日常生活中愤怒的力量——改变压力状况

就越多。你经历的感受开始有了新的强度，你与他人的交往有了新的亲密感和亲近感。那么，你就不再轻易忽视问题或被动接受现状。就愤怒而言，你会更负责任地处理那些让你不满的事情，因为你不能再忽视它们了。其实，忽视这些情况的痛苦远大于为自己挺身而出的代价。下面，我将举例说明更敏锐的觉知在日常生活中的体现。

> 赫塔，62岁，早早退休，住在离河边不远的房子里，经常在河边散步。她的丈夫还在世时，他们会一起散步，边走边热烈地交谈。那个时候，赫塔的麻木阈值已经很高了——她几乎注意不到河岸上到处都是垃圾。"这里是不是很漂亮！"她的丈夫曾经感叹道。现在，赫塔一个人散步的时候，她经常看到地上的垃圾，有时候她会用拐杖把垃圾往前推一点，但并没有捡起来，而是心里想"这些垃圾不该在这儿"或是"哦，应该有人来处理吧"。有时候，她也会对那些把垃圾扔在小路上的人，还有那些在河边长凳旁掉落垃圾的人感到气愤，就是那些人把这里弄得脏乱不堪。由于丈夫的离世，她加入了一个遗孀互助小组，在其中她体验到了强烈的感情，因此变得更加敏感。她的麻木阈值被降低了，她体会到了更多的快乐，比如因为看到天空中不断变化的云层而感到欣喜。但是麻木阈值的降低在给她带来愉悦的同时，也让她更敏锐地感知到痛苦，比如看到垃圾时的愤怒或悲伤。当她和别人抱怨有些人乱扔垃圾的现象，说"总有些人没有公德心"的时候，她将自己的愤怒和其他人联结起来，一起抱怨那些不文明的

人。然而，光是抱怨并不会改变任何事，因为赫塔和旁观者们都没有积极地采取行动。

　　有一天，赫塔也受够了自己无用的唠叨。因为麻木阈值降低，她的敏感性让她迫切地需要找到一种解决方案来处理河岸上的垃圾。于是，她和几个熟人成立了"垃圾海盗"协会。自那以后，协会定期组织河岸清理活动。

降低麻木阈值并不意味着你必须独自承受并解决困扰着你的一切。这只是意味着，你更容易被触动，对周围发生的事情更为敏感——这种敏感性首先是为了你自身的改变服务的。有时，这种改变可能意味着自己采取行动，有时也可能意味着学会激励或委派他人采取行动。

练习 23
感受并专注于当下

　　下次在城市中奔波的时候，请你试着做以下实验。给自己足够的时间，作出有意识的决定，降低你的麻木阈值，感受在城市中穿行的体验。去那些贫穷和苦难显而易见的地方，也去生活张弛有度的市场和公园。问问自己：我感觉如何？我所看到的会对我造成影响吗？我会感到恐惧、愤怒、喜悦，还是悲伤？我的内心发生了什么？我会把视线移开，想逃避吗？

第 13 章 日常生活中愤怒的力量——改变压力状况

> 仔细感受：当我待在那里，待在当下，接纳我所看到的景象和内心的紧张时，我的内心会发生什么？练习之后，感觉如何？身体上和情感上有什么感受？与朋友或伴侣分享你的感受会有帮助，这样你就不必独自面对自己的经历和感受。在愤怒日记中，记录下你的想法。

几年前，我曾去面试一份新工作。当时我独自住在公寓里。对于那次面试，我感到既兴奋又紧张，内心渴望有人能给我一个拥抱，对我说："你很好，你可以的，我相信你！"我告诉自己，我不应该这样，这只是一次面试罢了，又没有生命危险，我能做到，但紧张的情绪依然挥之不去。在去面试的路上，我的内心充满了恐惧，手心很湿，腿在颤抖，思绪在飞速运转。我非常害怕失败，几乎无法思考。在地铁站里，我鼓起勇气走近一位路人，向他坦白了我的紧张情绪，并告诉他，我想要一个充满力量的拥抱。我脑子里有很多声音告诉我这样做很疯狂，但我还是开口了。对方犹豫了一下，给了我一个温暖的拥抱。当我们道别时，我们都眼含泪水，互相感谢。我再也没有见过那个人，但是我始终没有忘记拥抱那一刻给我带来的生命互相联结的感动。之后，我感受到了喜悦和兴奋，尽管恐惧依然存在，但更像是提醒我保持警觉，而不是支配着我。你可能在想，这个故事与愤怒的力量有什么关系？在我的恐惧感仍处于一个较低的水平时，我已经感受到了它。在这种情况下，我把对于必须独自面对恐惧的愤怒转化成行动，让自己从中获得了被肯定的力量。

所以，为什么不尝试一些新颖的事物呢？比如：与一个陌生的街头音乐家一起跳一段舞，在火车上为另一个人让座，与流浪汉打个招呼，在公园里邀请别人一起玩飞盘，与陌生人一起自发在公园的草地上清理垃圾……所有这些都是日常生活中增进人际联结的机会。起初你可能会感到痛苦，痛苦于你的生活是多么孤立、与外界隔绝，痛苦于自己平时在城市中匆忙穿梭，都没有仔细欣赏过其中的美好。感受会让我们放慢脚步，不再轻易将自己与外界发生的事隔离。

有意识地应对日常生活中的触发情境

在日常生活中，我们总是能遇上这样或那样的人，他们通过行为、语言等，以某种方式挑衅我们，触发我们的情绪。有时候他们好像确切地知道该说什么或做什么来戳中我们的痛点，似乎他们总能准确按下那个让我们感到不适的"按钮"。在这些特定的触发情境下，冲突几乎是必然的。唯一的问题是，谁在其中扮演迫害者、受害者或者拯救者的角色。

在过去的两小时里，美珂一直在为家人——丈夫帕特里克、14 岁的莉亚、12 岁的尤里和 10 岁的芬雅——准备假期第一天的丰盛晚餐。她特意从烹饪网站下载了蔬菜千层面的食谱，这样莉亚作为素食者也可以一起尽情享用了。美珂很想看到一家人幸福地围坐在餐桌旁的情景，所以她对晚饭充满期待。所有人都知道晚餐 7 点钟开始。蔬菜千层面的味道已

第13章 日常生活中愤怒的力量——改变压力状况

经飘出烤箱,但就在7点前不久,美珂收到莉亚的消息,说她要迟到半小时。芬雅则坐在电视机前,告诉妈妈她不饿,而且也不喜欢这些油腻的东西。只有帕特里克欣喜若狂地走进厨房,期待地看着烤箱。"真棒,是烤面啊!"他说道。当美珂补充道这是蔬菜千层面时,身后传来一个声音:"不会吧,不是吧?"原来是尤里站在厨房门口。"为什么老是吃蔬菜,我们就不能吃常规的肉末千层面吗?"他一脸失望地抱怨道。

美珂的期待消失了。她把烤面用力地往餐桌上一放,开始低声埋怨:"我辛辛苦苦准备这些有什么意义?你们怎么能这么不知感恩,我在厨房里忙活了好几个小时……"大家都没有了好心情,家里的气氛凝固了。终于等到莉亚回家,她又说:"哦,我已吃过三明治了。你们吃吧,不用管我了。"说完,她便转身进了房间。这下,美珂的胃口彻底没了。她用冰冷的语气对家里的其他人说:"你们继续吃吧,我现在需要出去走走,呼吸下新鲜空气。"她愤怒地离开了家,快步跑到了附近的公园里。

在公园里边跑边骂了几圈之后,美珂有点儿上气不接下气。于是,她停下脚步,打电话给闺蜜安娜,跟她讲述自己晚餐的遭遇。电话里,她一会儿哭,一会儿责骂家人忘恩负义。安娜插嘴道:"对了,那你有没有提前跟家里人好好说过你的晚餐计划呢?"美珂犹豫了一下才回答:"没有,但是不用提前说啊,假期第一天我们会一起过,一直以来都这样过的。"安娜停顿了片刻,开口道:"美珂,我理解你的失望和愤怒,但我也能理解你家里人的反应。如果没有人要求或者通知我，我也会制订自己的计划。如果提前跟家人沟通，你觉得会不会好一点呢？"

第二天早上，美珂醒来后与帕特里克谈起了昨天的晚餐。她说："我计划的家庭聚餐搞砸了，真的很生气，很失望。你能帮我一起分析一下吗，为什么这件事对我来说这么重要？"帕特里克点了点头。在交谈过程中，美珂想到了自己的母亲。她回想起以前妈妈生气地在屋子里走来走去的画面：在事情进展得不顺心意，或与她想象中的样子不一样的时候，她就会非常生气！美珂在青春期时曾经历过无数次这样的情景，这些都给她留下了极其深刻的印象。

之后，美珂开始思考，如何才能实现与家人在温馨的氛围下共进晚餐的愿望。其实，她之前已经计划好要在假期里和家人一起烧烤。但这次她决定不再独自准备，而是有意让大家都参与到准备工作里来。她把想法告诉了家人，并得到了积极的反馈。她提前和每个人讨论了合适的日期和不同的食物偏好。计划确定后，她敲定了烧烤的时间，也明确了每个人的分工。最后，她还说，即使有人迟到，她也会准时开始。通过这种方式，她为自己对于清晰的渴望负起了责任。

触发情境常常使我们的生活变得非常糟糕。不知道为什么，我们的情绪瞬间变得强烈且无法控制，在这些情境下我们既不需要这些情绪，也无法主动地将这些情绪转化为有意义的行动。但是有一个神奇的准则可以拯救你：关注自己，集中精力！你可以选择不让这个触发机制把你变得情绪化。离开一会儿，给自己创造一个安全的空间。你可以试着对枕头喊叫，这也许可以帮到你。我有一个朋友，她已经养成了习惯，每当她的情绪被触发的时候，她就会甩开双手，然后有意识地吸气和呼气几次。还有一个客户的习惯是在内心哼歌。我自己的习惯则是轻轻拍打大腿，提醒自己将能量中心重新放回体内。

元对话：有意识的行动

在日常生活中，我们每个人都可能会陷入与他人之间的大小"戏码"中，扮演着迫害者、受害者或拯救者的角色——与最好的朋友发生争执，工作陷入僵局，或是夫妻之间任务分配不均时。借助元对话（根据克林顿·卡拉汉的理论），你可以阻止事态变得更糟，并与对方进行真正的交流。无论谁选择退出，无论担任什么角色，都要对联结负责并付诸行动。要做到这一点，在当下（或者不久之后），你要有意识地处理你注意到的内容，并告诉对方你希望在未来的交流中看到什么。这样的元对话是走出"戏剧三角"的重要步骤。下面我将举例说明如何启动元对话。有一些有用的入门辅助"工具包"，你可以将其随时随地随身"携带"。它们可以帮助你在发生冲突时走出闹剧。如果你尝试过，可能会发现在紧张的氛围中或冲突发生时，要想起元对话的启动短语并不容易。因此，我建议你可以记住开头的两到三个句子，然后在紧张的时候使用它们。

> **元对话开始者（根据克林顿·卡拉汉的理论）:**[36]
>
> * 看上去，你的身体好像很紧张。你感觉如何？
>
> * 我注意到你讨论了四个不同的话题，并且把它们混在一起说。我很难跟上你的思路。你现在能不能先把一个话题聊完？这样我就可以更好地跟着你的思绪走了。
>
> * 你能告诉我，我们正在谈论的事情为什么对你如此重要吗？
>
> * 我感觉，你好像想找人吵架，但我没有兴趣争论。有没有其他方式能让我理解，你想告诉我什么？
>
> * 我听到了你的话，但是我更想知道你的感受。
>
> * 刚刚发生的事情是不是让你感到伤心或害怕？
>
> * 你在意什么？我怎样帮助你才能让你把心里想说的事给说出来？

这种对话方式同样适用于与孩子的交流。与孩子进行元对话时，你需要陈述观察到的事实，并对孩子的想法和愿望保持开放的态度。通过这种方式，你们可以一起寻找触发冲突的原因，寻找可能的替代方案或者解决方案。

这种有意识的行为对我们大多数人来说是陌生的——尤其是在我们快节奏的日常生活中——而且，老实说，它并不像迫害者、受害者或拯救者的戏码那样吸引人，让我们不由自主地想关注。当你有意识地为自己的感受负责时，无意识的"戏剧"就会消失。起初，这种方法可能让事情看起来不再那么"有趣"，因为人们既不需要受苦，也不需要被拯救，也不需要受到责备。然而，随着时间的推移，元对话能让我们感受到更多的存在感和参与感。这种对话帮助我们脱离外界的无意识且重复的戏码，并通过愤怒的力量更加强烈、更加可持续地滋养着你。当你掌握元对话并建立起真实的关系时，人们会欣赏你处理冲突的能力和格局。

认真对待别人的愤怒

以前，每当我面对别人的愤怒时，内心的警钟就会响起，然后我会马上试图挥动和平的旗帜。从小时候起，我在内心就已经习惯了抵抗愤怒，努力恢复和谐的局面。压力太大了！而且这种处理冲突的方式往往会得到令人沮丧的结果。通常情况下，别人根本无法冷静下来，声音会变得更大，而我为了恢复和谐，完全不顾自己的需求，为了平息事态而选择一味妥协和迁就对方。最后，我自己一无所获，还耗费了许多精力。渐渐地，我开始学会欣赏冲突的正面价值并将其视为改变的机会。我不再需要抵触坏情绪，我可以感知它们。如果对我而言事关重大，那么，我将有意识地对这些坏情绪作出反应。但是，如果对方沉默地无视我或是对着我大喊大叫，愤世嫉俗地责骂我，那么，在这种情况下还要带着觉知作出恰当的反应，是一件非常困难的事。

面对他人的愤怒时的常见反应

当你在日常生活中面对他人的愤怒时，你会怎么做？
面对他人的愤怒，常见的自发反应和行为是：

* 喊回去

* 讲道理

* 防御

* 攻击

* 退却

* 离开当下情境

* 给予建议

* 进行教导

* 羞辱对方

* 感到困惑

* 愣住、僵住

反应的类型取决于多种因素：谁是令我愤怒的导火索？那个人对我来说是陌生人还是熟人？等级是低于还是高于我？是老人还是年轻人？时间因素也很关键：我现在的第一反应是什么？过了一段时间后又是什么反应呢？

在许多情况下，这种对愤怒的反应会导致彼此疏离或关系破裂。愤怒的接受者经常出于恐惧而无意识地采取行动，例如，只想通过退却、逃避来获得安全感。他们忘记了表达愤怒的实际目的是什么。愤怒应该传达的是：你对我很重要。我想让你知道我怎么了。我要你认真地对待我，我希望和你交流。我渴望被看见，我想找到一个好的、共同的解决方案。而实现这一切，我需要你的参与。当我们对着彼此大喊大叫时，我们既没有实质交流，也没有尊重彼此。这种不健康的愤怒表达，往往只会导致肤浅、讽刺或充满愤世嫉俗的假性互动和关系。

在下文中，我们将仔细讨论可以使用哪些方式来对待愤怒的人。重要的一点是，在对方非常愤怒的情况下，教育对方并不会得到很好的结果。愤怒中的人往往会把这种教导当作对自己的羞辱，认为对方傲慢、居高临下。在面对愤怒时，就像面对其他感受一样，认真地对待对方是很重要的。做到这一点并不容易，特别是别人愤怒的表达让你感到害怕、需要安全感，或者你觉得对方的行为很愚蠢、想要嘲笑对方，或者是你宁愿一笑而过也不想表达自己的不安全感的情况。

现在你可能想知道，在感到自己不被尊重的情况下，怎么做才能尊重他人的愤怒？尊重对方的愤怒到底是什么样的？下面，我们来具体说说执行这种操作的方法。

如何以尊重的态度回应他人的愤怒

重复对方说的话：作为愤怒的接收方，试着简单地重复你从愤怒方那里听到的。例如："你为什么没把蓝色衬衫放在我的衣柜里？""啊，你在找你的蓝色衬衫啊。""是啊，我以为你已经洗过了。""对，已经洗过了。""嗯，我前天特地放在待洗处。""嗯，你特地放在脏衣服堆里了。""对的。你洗了吗？""嗯嗯，我昨天洗了一件深色的衣服。不过，还挂在晾衣架上。你可以去看看。"

只是重复你听到的内容，就不会被过度解读，有助于避免误解和过度反应。这将帮助你与对方更好地建立联系，而不是陷入受害者的角色。重复的句子给人的印象是对方的话有被认真倾听。在重复听到的内容时，重要的是，作为接收方，你要认真对待对方，既不要嘲笑对方，也不要只是机械地重复听到的内容。

保持专注：借助第 7 章中描述的技巧，你可以集中注意力并保持专注。留在房间里并保持与对方的联系：他如果站着，那么请你也站起来，使你们的视线保持在同一水平线上。他如果坐着，那么你也坐着。对于孩子，蹲下或跪在他们旁边会更好。注意不要交叉双臂，确保你们之间没有任何阻挡。找到双方合适的相处距离，让你自己感觉自在的同时，还能保持专注。有意识地呼吸。保持眼神交流，敞开心扉，好奇对方在对你说什么。也许这种冷静而开放的态度会让对方有些摸不着头脑，直接就让局势缓和下来。

进行元对话：在无意识地表达愤怒之后，反思并讨论冲突的实际内容可能会有所帮助。你可以直接在当时或事后，回顾你自己感知到的一切，说出对你而言真正重要的事情，你希望在交流中得到什么？回想一下是什么触发了当时的情况，谈谈你觉得哪里出了问题。

设立边界：根据情况，设立清晰的边界很有意义。你需要明确表达出自己的边界："如果你还是这样大喊大叫的话，那么我就不愿意再继续听你说话了。"或者,"如果你的措辞还是如此不堪,恕我无法继续奉陪"。如果对方马上要动粗了,用坚定的声音表达你的力量,让自己安全,照顾好自己,尽可能地寻求外界帮助。

提供反馈:此方法仅在你和对方达成一致,并愿意在愤怒升级时互相帮助的前提下才有效。当对方请求反馈时,你可以说出表达愤怒对你来说,哪些方面有用,哪些方面没用。想一想:你愿意听别人一直抱怨吗?你能接受对方的冷嘲热讽吗?还是你想得到明确的信息?可能的表达:"我不愿意继续听你对同事的吐槽了。你有什么信息想告诉对方?你准备好直接告诉他了吗?准备好的话,我们可以通过角色扮演练习一下。我更希望我们能进行真诚的对话,而不是听这些抱怨。"此处的最后一句话也是沟通中的边界设立。

在本章中,你了解了愤怒的力量如何帮助你改变日常生活中的高压情况,体验更真实的互动和交流,而不是离开对方或者断绝交流。在下一章中,我想重点关注在生活中你认为自己有多重要。因为无论是在私人生活中满足他人的需求,还是在职场上应对挑战,每个人都比自己想象的更快地忽视自己的需求和愿望。

第 14 章

愤怒告诉你：照顾好自己！

"照顾好自己"，说起来容易做起来难。当你好好照顾自己时，是什么样子的？对此，你有哪些想法和需求？有些人会想到慢跑、去健身房锻炼或者在大自然中散步。而对于另外一些人来说，对自己好一点意味着享受一顿美食、泡个热水澡或者做个按摩。当然，还有一些人会说"我已经对自己够好了，我什么都不缺"，或者"只要孩子们过得好就行了"，这些笼统的说法更多地是为了逃避面对自己真正的需求。

也许相比于正视和满足自己的需求，说这样的话更容易一些。或者是因为他们对自己的需求缺乏感知，或者从来没有问过自己这个问题。还有些人为了满足其他人的需求而放弃了满足自己需求的责任。我有一位为了照顾年迈的父母而几乎筋疲力尽的客户曾经抱怨，对她来说照顾好自己实在是一件太奢侈的事了。然而，这种对需求的忽视对一个人的生命和健康都有着深远的影响。

借助愤怒的力量摆脱相互依赖症

当一个人更多地关注对方而不是自己，并且自己的每一个行

第 14 章 愤怒告诉你：照顾好自己！

为都是为了满足对方的需求，以至于需要完全放弃自我时，就陷入了相互依赖。有相互依赖症的人很难感知自己的需求，他们认为对方有更高的价值和更多的存在理由，甚至通过自我放弃和自我牺牲来定义自己的存在价值。相互依赖很常见，不仅限于成瘾者的家庭成员和伴侣。在讲述如何运用愤怒的力量引导我们摆脱这种不健康的关系之前，我想先用海伦的例子来说明相互依赖是如何消耗一个人的能量的。

海伦今年 51 岁。直到一年前，她还和丈夫拉斯住在一起。拉斯也是 51 岁，来自一个酗酒的家族，年轻时就经常喝酒。两人相识的时候，拉斯才 20 出头。自从他们在一起，拉斯就没有一天不喝酒。拉斯一开始主要是喝啤酒，后来则是喝烈酒。在很长一段时间内，海伦对此并不在意，甚至会在拉斯下班回到家之前帮他冰镇一瓶啤酒。海伦自己并不喝酒。因为在她 17 岁时，妈妈就因为肝硬化去世了。海伦的妈妈是一位单亲妈妈，在女儿出生后不久就开始酗酒。从很小的时候起，海伦就开始把自己的需求放在一边，按照妈妈的要求去做。她永远都不敢说"不"。在妈妈叫她收拾空酒瓶时，她也只是自言自语几句。在跟拉斯的相处中，这种模式延续了下来，还是由她负责搬啤酒箱和杜松子酒，处理空酒瓶。

作为一个年轻的女人，海伦热切渴望建立一个家庭。她想要两个孩子：一个男孩和一个女孩。但是，拉斯不想要孩子，生孩子根本不在他的考虑范围之内。因为一些试探性的讨论和说服尝试都没有结果，所以海伦埋葬了自己生孩子的愿望。当朋友们质疑拉斯自私的行为时，她也经常为他辩护。直到一年多前，海伦刚满 50 岁，拉斯因为全身水肿不得不住院几周。海伦每天下班后，都会去医院照顾他。

但是，某一天，海伦的腿突然有种可怕的沉重感，医生暂时也不能确诊这是什么病。海伦下班后，也没办法去医院了。她觉得自己就像是要瘫痪了。这几天她下班后不得不在家里躺着。有一天晚上，她回想起了同事问她的话："你是不是对你妈妈感到很生气，因为她总是让你失望，对你要求太多？还有，你对拉斯感到很愤怒，但是你做了什么呢？"一时之间，愤怒交织着悲伤同时迸发，海伦的泪水夺眶而出。任由自己泪流满面，让自己尽情感受愤怒和悲伤。伴随着情感的宣泄，海伦腿上的沉重感也逐渐消失，她觉得自己又可以走路了。她站起来，一步一步地踩住地面。海伦终于接纳了自己的愤怒，她感觉到、意识到她内心深处的情绪。凭借感知过程释放出来的力量，她去医院探望了拉斯。她讲述了自己这些年来的心情，以及不想再为他牺牲自己的生命。拉斯没有看她的眼睛，一直搓着手，仿佛这样就可以化解她的话。

之后的一年，海伦彻底改变了她的生活，过得很好。她现在一个人住，并且已经换了工作，工作中还可以和孩子们相处。你有没有遇到过这样的人或事？或者你是否在为他人牺牲自己，却几乎不会认真对待自己，并且满足自己的需求？如果我们质疑这些人的生活有多不健康，对自己有多粗糙，有多么不自爱，他们很有可能会否认。改变的关键，恰恰在于不再自我牺牲式地去关怀别人，而是照顾好自己，重新培养勇气和自信。

> "
> 我把你的留给你，
> 并找到属于自己的一切。
> "

有相互依赖症的人的行为就像是生长在树上的寄生虫。寄生虫需要大树才能生存，就像有相互依赖症的人需要被对方需要一样。但是，健康而独立的生活需要我们承担起自己的责任。为此，你必须作出决定，而愤怒会帮助你解决这个问题。

通过以下练习回顾当天发生的一切，并反思你是如何作出决定的。

练习 24
强化你的内心，获得清晰感

在脑海中把今天重新播放一遍。想想在哪些情况下，你积极主动地作出了决定。问问自己：

* 在哪些情况下，你让别人来作决定？作决定之前发生了什么？

* 你们双方都清楚地表述了自己的愿望或想法吗？最后你们采纳了对方的意见吗？那一刻你在想什么？

★ 你对这种情况感觉如何？你认真对待自己的愿望了吗？

★ 你是否把对方当作权威？从你的角度来看，谁的意见更重要？

思考一下你想如何度过明天。你想做些什么？你想吃些什么？你想读些什么？你想见谁？你想和别人一起做些什么？第二天重复这个练习。

这项练习将帮助你审视自己的行为，并在必要时作出新的决定，使你和他人的关系变得更加清晰，并对自己和自己的需求负责。

为了照顾好自己，你需要对自己进行感知，并且你必须了解你的内在中心，以便发自内心地采取行动。你将像一棵根深蒂固的大树一样牢牢扎根在生活中，既稳定又灵活，可以抵御风吹雨打。

用愤怒的力量抵抗倦怠和抑郁症

愤怒对抵抗倦怠（Burn-out）和抑郁症也能起到一定的积极作用。如果你没有意识到自己缺什么，你就不可能去补上这个缺口。愤怒的力量可以帮到你：当你感觉到愤怒时，你可以从中汲取力量来为自己挺身而出，从而滋养自己。我们生活和照顾自己的方式直接反映了我们是否过着充实且真实的生活。但是，如果你把所有的精力都放在外部，试图倾听和满足他人的需求，那么最终你可能会陷入精力耗尽的状态，仿佛在"节能模式"下生活，所有的能量都已经用完了，无法再充电了。这正是导致倦怠和抑郁症的原因。

倦怠是一种情绪衰竭，身体和灵魂会发出警报：救命，我受不了了！西班牙萨拉戈萨大学的研究人员区分了三种类型的倦怠：由于过度负荷导致的精力耗竭，伴随着无尽的沉思和强烈的负面情绪；由于忽视自己而导致的倦怠，通常会导致社交孤独感；由于缺乏发展而导致的倦怠，主要是因为无法施展拳脚，总是怀才不遇，无法实现自身的价值。[37] 倦怠患者无法为自己挺身而出，也无法与他人保持合适的距离（亲疏关系）。还有一个很重要的方面是，他们失去了与自己身体的联系。

愤怒的积极方面刚好可以在上述这些点上发挥作用。与其不断超越自己的界限并且违背自己的需求行事，不如发现自己的愤怒的力量，帮助自己重新定位，并感知和解读自己的感受所传递出的信息。愤怒的力量通过唤醒你的自我意识和对自己的爱，使你不再一味渴望得到他人的认可。当内心充满恐惧时，外部关系也不会稳定。

抑郁症的情况也是如此。抑郁症的定义、症状以及治疗方法多种多样。据世界卫生组织的研究结果，抑郁症被认为是全球最为普遍的人类健康问题之一，而且其严重程度往往被低估。一项研究发现，每100人中有12人会在其一生中经历抑郁症，且女性比男性更容易患上抑郁症。[38] 根据我的观察，日常生活中不堪重负或感到被低估的人特别容易患上抑郁症。他们中的许多人感到生活的负担过于沉重，压力过大。他们缺乏对待外部影响和内部情绪的方法和手段，常常感到绝望和无助。这样一来，即便是日常小事，例如洗衣服或去附近的超市购物，也容易被他们视作无法克服的障碍或挑战。

我的观点是，悲伤和愤怒的无意识混合是导致抑郁的关键因素。除了常规的治疗方法外，我认为在抑郁状态下，感知、感受和有意识地将这两种感觉在身体和情感上分开，也有助于缓解抑郁症。通过感知身体、声音和表情，抑郁症患者可以更清楚地识别愤怒或悲伤的来源。将这两种感觉区分得越清楚，他们的情感体验就越清晰、越充满活力。这通常会让他们在之后的日子里感觉更有能量，活在当下。

为了更好地阐述情感混合现象，下面我们将探讨把愤怒和悲伤混为一谈与抑郁症之间的联系。愤怒感的方向是向前的，能够激发行动。人们注意到自己出了问题——例如，当我们意识到衣服脏了，愤怒的力量会促使我们去清洗。而抑郁症患者体验到的情感则是悲伤优先于愤怒，并且他们会选择听之任之、放弃行动。悲伤告诉他们，对于这种情况，他们无能为力。抑郁的人感觉自己无法采取任何行动。由于强烈地将悲伤和愤怒混合在一起，不能单独感知情感，也无法通过情感驱动生活中的积极行动，人们就会感到昏昏欲睡、乏力沉重、无精打采和无意义。对他们来说，似乎一切都变得无足轻重。愤怒催生出的行动的能量因为悲伤的情绪而被减少。从这个角度来看，悲伤和愤怒都找不到一个清晰的方式来给予那些饱受抑郁症痛苦的人以活力、力量和方向。

也许你也有过类似的抑郁体验，或者认识活得非常艰难的人。也许对你来说这种方法听起来很荒谬，你可能会感到愤怒，因为这种描述在你看来既不现实又过于片面。即使你感到抗拒，也请继续阅读下去。当你再次感到无奈和沉重时，请拿起笔和纸，探索如何区分并感知不同的感受。

练习 25
分离情感

写下所有你能想到的让你生气的事情："我生气是因为……"它可能是让你愤怒的事情，也可能是让你有些不满的小事，也许你觉得其实那是微不足道的烦恼。把一切都写下来。一旦你想不出还有什么让你生气的事情，就拿一张新的纸写下："我感到很难过，因为……"在这个过程中，你如果突然热泪盈眶，就让自己尽情哭泣。如果你忍不住想哭喊，那就尽情哭喊，不要压抑自己。

完成后，放下笔，专注于身体的感受。注意你的能量平衡。你感觉到能量是更多还是更少了？你的心情变了吗？现在哪一种情感最强烈？

试着看看情感分离是否能像一种抗抑郁药一样对你产生效果。当你在表达让你生气或悲伤的事情时，完全释放情感会令这个练习更加有效。它将成为一种全身心的体验，而非仅仅停留在认知层面。你如果不是很放心，建议你找一位经验丰富的专业陪伴治疗师。

在研究抑郁症和自杀的过程中,我常读到"抑郁是向内投射的愤怒"这一说法。这个观点始终萦绕在我的心头。由于哥哥蒂洛患抑郁症并自杀,我对自己内心的悲伤和愤怒进行了很多研究。现在我明白了,我的哥哥没有把他的愤怒向外界发泄或表现出来,而是通过自我毁灭的方式,把负面的评价和判断全加诸自己身上。我对这种自我误判和自我摧毁的方式很熟悉。就像以前我曾经听哥哥说的那些话,包括我自己在几年前可能也会用相同的方式来表达。如今当我再次读到这些句子的时候,它们又一次伤害了我,让我思绪万千:"我不表达愤怒、不表达不高兴,也不表达悲伤,我只是让它们吞噬我的内心","当愤怒出现时,我压抑自己","表面上的我永远非常阳光","我无法很好地设立边界:我不会拒绝,我也不会说我想要什么,我不敢批评他人","我总是觉得自己不够好,患得患失,觉得自己很失败","我在人际关系中无法坦诚,因为我害怕伤害别人","我把很多事情都看得太重了,觉得很多事情就像是生死攸关那样重要。当某一件事情失败的时候,我就感觉好像天塌地陷了一般,失去了支撑","我对自己和对他人的标准都高得过分"。

你是否也有这些想法?这些想法有没有在日常生活中影响到你?我把它们写在这里,是因为我相信,许多人可能经历过类似的情感,却鲜少有人真正谈论它们。如果你也熟悉这些想法,就会知道人有多么容易陷入这些旋涡。而愤怒,可以帮助你一次又一次地选择接纳自己的生活。

第 14 章 愤怒告诉你：照顾好自己！

> "
> 我接收到了自己悲伤的信息
> 并接纳它。
> 我接收到了自己愤怒的信息
> 并选择为自己而活。
> "

失去哥哥的经历让我决定全身心投入写作中，创作我发自内心热爱的作品，在其中倾注我的热情和活力。对我来说，关于愤怒的力量以及感受的相关研讨和工作完全是灵感来源。它们激励了我，也让我可以陪伴人们成长，给人以力量。这些经历重燃了我对生活和活力的热情，始终提醒着我牢记愤怒的力量，以及接纳愤怒之后，我的人际关系是多么有益且充满活力。

尤其是在经历挑战或情绪低谷时，我希望你可以试试：利用你的愤怒。愤怒向你传达了强有力的信息，让你感觉自己还活着。问问自己：我照顾好自己了吗？我还缺什么？我忽视了哪些边界？在哪些情况下，我没有为自己挺身而出？了解你的需求和你对生活的渴望，你就会越来越清楚地认识到你需要什么。这样的话，即使在你认为自己厌倦了生活的情况下，你也会自然而然地想到这些。在这些情况下，问问自己：你不想要的到底是什么？只有当你知道你不再想要什么以及你想要什么时，你才能有力量去按照自己的意愿生活。你可以利用愤怒的力量采取行动，改变那些不适合自己的现状。

第 15 章

通过自知的愤怒建立健康的关系

当你能够照顾好自己并且为自己的生活负责的时候,你就可以找到超越"不必要的戏码"和持续压力的关系。在这种关系中,你和对方平等地看待彼此,并且将冲突视作共同成长的机会。在愤怒的力量的帮助下,你接纳了生活和人际关系中自己应当承担的责任:你接纳了没有人必须拯救你或者以你喜欢的方式塑造你的生活的这一事实。毕竟,"拯救者"只能猜测什么对你好、什么适合你,或者你可能喜欢什么。只要你对自己的生活负责,你的生活就会一步一步地接近你的设想。这绝非易事,而是需要你拥有勇气并且身心投入。因为有意识地塑造生活意味着你决定保持专注,清晰地活在当下,为你的需求和愿望挺身而出,并采取相应的行动。每日如此,日复一日。

有了这种生活态度,你就不能再隐瞒或责备任何人了。你是自己生命的演员和导演。但是,这并不意味着你不能向他人和组织寻求支持。每个人都需要其他人,尤其是为了在交流和冲突中拓宽自己的视野。

在第 6 章中,我们已经讨论了如何使你和他人的关系变得清晰,从而使它们更加丰富。在本章中,我们将更深入地了解我们可以为伴侣、家人、朋友和工作中的健康关系做些什么,以及愤怒如何帮助我们达成愿望。

爱的滋养

不论是过多的争论,还是太多的和谐,两者都会给关系带来压力。在一项针对192对夫妇的长期研究中,亚利桑那大学的研究人员研究了处理冲突以及表达或压抑不爽和愤怒对于伴侣关系及其身体健康的影响。[39] 该研究报告发表在《心身医学》杂志上。研究人员发现,伴侣如果能够公开讨论和分享他们的关系中发生的冲突,他们的死亡风险会降低。对于那些很少交流并倾向于自己处理问题的伴侣,特别是男性,死亡风险较高。如果伴侣双方处理矛盾和愤怒的方式不同,例如一个人寻求直接的对峙,而另一个人宁愿避免表达感情,那么,他们的死亡风险几乎增加了一倍。该研究的负责人、心理学家凯尔·布拉萨(Kyle Bourassa)将负面影响归因于:在这些伴侣关系中,双方都在不知不觉中产生了不满,并且长期承受着压力。因此,他建议不应刻意避免冲突。我们如果不想危及自己的身心健康,就必须能够在各种关系中为自己挺身而出,这不仅适用于伴侣关系,同样也适用于其他人际交往,例如职场。在彼此信任的伴侣关系中,人们能获得最深的成长。

安雅和班诺结婚30多年了,经历了许多风风雨雨,他们彼此信任、相互依赖。但自从他们的两个孩子,双胞胎桑迪和迈克尔近期搬到柏林上大学后,家里的氛围却变得越来越差。安雅因为养育孩子而长期没有工作,但是近几年她开始努力重返职场,经过了一系列继续教育的培训课程,她找到了一份牙科助理的工作。而班诺作为一家大型电器制造商的总经理,需要经常出差,多年来他工作稳定、事业有成。他一直开着公司的车在全国各地出差,对于各地的酒店可以说了如指掌。

周五晚上,每当班诺出差回到家时,总是把行李在玄关处一放,直接去洗澡。多年来,一贯如此。但是,自从家里只有他们夫妇两个人之后,安雅对丈夫的这种行为感到很不爽。她觉得班诺把行李往玄关处一扔,意思就是:"你来收拾吧!"而且,班诺一回家就直奔浴室,连一个仓促的拥抱也没有。于是,安雅率先将怒火发泄了出来。某天,在班诺进浴室之前,安雅喊道:"你可以不把手提包丢在门口吗?!"班诺洗澡的时候,也没心情吹口哨了。安雅则在准备晚餐的过程中,数次感到喉咙哽咽。她的心情已经跌落到了谷底。等到班诺想从背后给她一个拥抱时,她甩开他,并说道:"现在不行,我在做意大利面。"班诺只好一言不发地退到已经摆好的餐桌旁,拿起了周报。氛围丝毫没有缓解,虽然两人其实都在期待着对方先来示好。

安雅和班诺彼此信任,他们都知道可以百分百依赖对方。之前双胞胎儿子住在家里的时候,他们总是给孩子很多关注。安雅要协调和组织家庭生活及所有的日常需求,总是忙得不可开交。

第15章 通过自知的愤怒建立健康的关系

在她还是全职太太时，不仅对孩子们照顾有加，周末的时候班诺也被安雅宠坏了。但是，自从孩子们搬走，只是偶尔回来看看之后，安雅觉得很不习惯。她没有意识到自己不满的原因，没有关注自身，而是将精力投射到外部，面对班诺看似轻率的行为，她选择用说话带刺和回避爱意来回应。而班诺则选择克制自己的情感，尽可能地避开安雅的情绪，但是这只会进一步加剧冲突。当伴侣之间的紧张关系成为常态时，就会影响彼此的信任。长此以往，夫妻双方迟早会陷入严重的危机。

当安雅听到朋友要和丈夫离婚后，她受到了冲击。然后，她从一位同事那里听说了情感咨询，便决定预约一次。在第一次辅导课程结束之后，安雅对她与班诺的生活有了新的看法：她明白自己是如何陷入了关系的僵局的。

从安雅看到自己不满的根源并开始负责任地行动的那一刻起，她就能有效地利用自己的愤怒与班诺进行高效交流，她可以做到不进行被动攻击、不再苛责。两人进行了一次彻底的对话，安雅先与班诺分享了自己的感受。她谈及自己的失落，因为孩子们已经搬出去了，她作为母亲不再有被强烈需要的感觉了。她诚恳地告诉班诺，自己对过去多年承担的繁重家务感到愤怒，而且重返全职工作以来，这些家务早已超出了她的负荷。她也坦陈了自己的担忧，害怕和班诺不能重修旧好，他们的伴侣关系无法恢复到曾经那种亲密无间和相濡以沫的程度。安雅说完这番话后，班诺一时语塞，接着他表达了对妻子能够如此坦率地说出心底想法的感谢。对他来说，开诚布公不是一件易事。即便如此，那晚的班诺也敞开心扉，表达了自从孩子们离开家以后，他感受到的不安全感。他承受着填补空白的压力，却不知道该如何填补。通过安雅的表达，他才恍然大悟，他们都必须在生活中重新定位自己，并在生活中找到新的方向。安雅向班诺提议，在每个周末的下午或晚上固定时间进行一次深入的对话。这些对话帮助两人保持坦诚的沟通。

就这样，安雅和班诺的生活一点一点地发生了变化。比起以前，安雅有了更多的时间去骑马。为了支持妻子，班诺也很乐意在周末时分担家务。而为了平衡长时间驾驶的压力，班诺也重新与一位老同学一起骑行。安雅和班诺在一起共度的时光也变得更加丰富多彩了，他们经常一起参观展览或者听音乐会。两人重新变得亲密无间，爱意也越来越浓。当班诺每周出差回家时，他还是一如既往地先去洗澡。而现在，安雅对此完全理解，这是班诺下班后回到家的一种仪式。他在洗完澡后，才能充满爱意地好好跟安雅进行交流。而让两人完全没想到的是，他们甚至又激情重燃，在时隔数年之后，对彼此的情欲再次苏醒了。如今，安雅和班诺相互依赖、相互信任、相互扶持，越来越恩爱和幸福。

通常，家庭情况如果发生变化，夫妻关系也会随之发生变化，比如分居、孩子的出生、亲戚生病、孩子离开父母家、伴侣中的一人或两人退休等。而且这些情况对伴侣关系的影响可能是深远的，每个人都需要调整自己的新方向。外部的变化总在给人们机会以新的方式认识自己，打破旧模式并不断改善彼此的关系。通过表达愤怒，伴侣关系中的这些变化与发展得以充满能量且带着清晰认知地进展。下面，我将列出相关建议。

让愤怒改善你的伴侣关系

* 我对自己的生活负责。

* 我有责任表达自己的需求和边界。

* 我对伴侣很诚实。

* 当伴侣与我交流时，我会倾听他的声音。

* 在伴侣同意的情况下，我会请求他给我一些反馈。

* 在伴侣希望得到反馈并且我同意的情况下，我会给他一些反馈。

* 我们有意识地与对方进行沟通。通过交流，我们对彼此愈发了解，愈发亲密无间。沟通时，我们保持全心全意、专注投入，关注当下、此时此地、此景此人。

* 我们以自己的方式爱着对方，我们并不想改变对方，而是对彼此保持好奇。

* 我们积极地塑造伴侣关系，并对关系的发展和变化持开放态度。

* 我们将愤怒练习融入日常生活，例如下面的练习26。

在日常生活中，与伴侣建立真正的交流并不总是那么容易，尤其是在面临挑战的时刻，比如有了孩子以后的日常家庭生活或是耗时的工作。因此，正如在下一个练习中介绍的那样，我会建议客户定期安排谈话。哪怕没有重要的话题，也要保持有规律的定期谈话，这会让彼此的关系更加放松。诚然，一开始你肯定会觉得不适应，毕竟你们住在一起，完全可以随时随地自由交谈。但是我们心底常常会有个声音企图寻找借口，认为其他事情更重要。所以，设定一个固定的时间进行交谈是非常有必要和有意义的，任何一个进行定期对话的人都会体验到这些谈话对加深伴侣之间的相互理解的贡献，并且有助于双方发现沟通中的误解。

练习 26
清晰的对话

与伴侣安排每周一次的固定交流，进行 30 分钟的谈话。确定好谁先发言，并确保你们不受外界干扰。

谈话以分钟为单位，分为 10、10、5、5 分钟四个小单元。每个人先发言 10 分钟，然后以相同的顺序每个人再次发言 5 分钟。记得设置好计时器。

在 10 分钟内，告诉伴侣你现在的情绪处于什么状态，什么让你感动，什么对你来说很重要，你有什么感受和想法。在双方的交流中你期待什么？你的边界在哪里？你想和他（她）分享哪些体验和经历，哪些你又不想与他（她）分

> 享？什么行为让你感到受尊重、受重视？你现在在忙些什么？在谈话的过程中，重要的是不要打断对方的诉说，而是要做到用心倾听。
>
> 在对话之前，决定你想如何结束对话：在接下来的5分钟小单元中，你们可以重复所听到的内容。最后，你也可以给对方一个简短的回应，当然，如果对方想要了解更多，你也可以分享这些内容对你产生了什么样的触动。

在这样清晰明白的对话中，我们传递出对了解彼此的兴趣，愿意迎接挑战，在摩擦中共渡难关。随着你和伴侣对这些对话越来越习惯，你们可以根据需求共同设定时间框架。清晰的对话与我们熟悉的日常争论非常不同。后者意味着激烈的辩论，还有或多或少无休止的讨伐，以及一方对另一方的指责控诉。而其背后暗藏的心态是这样的："如果我因为你感到不快乐，我就不用面对自己的问题。当我指出你的错误时，我就不必意识到自己的错误，也不必作出改变。这意味着我可以一直关注外界，而不必去感受自己的内心。"

使用愤怒的力量进行清晰的对话可以帮助你为自己勇敢发声，并与对方分享你的真实想法。在第一次谈话时，你可能很少或根本无法了解自己的感受或需求。不要给自己压力。这些对话需要勇气，它们可能让你触及自己的恐惧。起初，你可能会感觉僵硬或迷茫，你想不出任何可以分享的东西。不要给自己压力，保持好奇心。这就像训练长久不被锻炼的肌肉。花点时间观察这种恐惧，不要压抑或者忽视它。给自己时间，逐渐接近更深层次的话题。因为在这些对话中，你可以说出困扰着你的事情、面临的问题、期待的改变，以及你自己愿意为改变所作的努力。重点不在于指责对方，而是当你认为某些事情、行为不合适的时候，厘清这一切与你的关系。当然，除此之外，在这些对话中流露出的互相欣赏、共情与爱意，也将为你们的关系增添温暖。

职场中的冲突——情感发挥着重要作用

通常我们每周与同事相处的时间比与伴侣、家人或朋友相处的时间都多。因此，在职场中没有过多的压力对于一个人的幸福和健康至关重要。但是，并非每个同事都必须非常讨人喜欢才能维持良好的工作氛围。工作中友好合作的标准与私人关系中交好的标准不同。建立起一段健康的关系的关键，在于双方是否对自己以及自己的边界和需求负责任。从经济学的角度来看，让员工拥有较好的工作体验也是非常有必要的：在牛津大学的一项大规模研究中[40]，研究人员发现，如果员工认为自己的工作体验幸福感高，他们的工作效率也会高。

但是，出于各种各样原因的争执并不少见，比如嫉妒、恐惧，或者竞争。审计公司毕马威对 111 家公司进行了调查，结果发现职场中的"员工关系破裂"绝非例外。[41]同事之间的冲突也对工作效率造成了很大的损害。员工如果对同事或老板的行为感到沮丧，那么，他周围的人也会注意到这种隐隐约约的冲突，整体的工作氛围会因为这种没被解决的紧张氛围或攻击倾向而受到影响。适用

第 15 章 通过自知的愤怒建立健康的关系

于调节伴侣关系的方法基本上也可以适用于其他类型的关系：我们需要将感情摊开来放在明面上，在安心的环境下沟通清楚。许多问题的产生往往缘于误解。如果不加以解决，一个简单的误解会随着时间的推移变得越来越复杂，敌对的情绪越来越浓厚，最终变得难以调节。日常冲突和霸凌之间的界限是流动的——由此可能导致持续的压力、丧失自信、身心疾病，甚至产生自杀念头等严重后果。

努诺 30 多岁，是一名政府机关的公务员。长期以来，他和上司有很大的矛盾，上司经常给他很大压力，总是贬低他的工作成果，对他的要求过于苛刻，时常鸡蛋里挑骨头，为难努诺。一天下午，上司把努诺叫到他的办公室，甚至没有让努诺坐下，就劈头盖脸地开始指责他没有完成一项数据统计，尽管根据约定，努诺只需要下周提供即可。"你知道我想尽快拿到这些数据。"上司责备道。努诺解释他已经在高压下努力工作了三天，但是上司只是挥挥手，不以为然地说："你的同事也告诉我，你的根本问题在于工作效率不高。"他甚至说出了一些抱怨努诺和他的工作质量的同事的名字。

努诺觉得自己完全被排挤了，他想为自己辩解，却又因情绪激动无法厘清思路，无可奈何地结结巴巴。他涨红着脸，离开了上司的办公室。当他经过同事凯的办公室时——这个同事就是刚刚谈话中被提及告他状的同事之一——门开着，努诺看着凯，觉得他正心虚地盯着电脑屏幕，不敢看自己。但是，努诺掩饰住了他的极度愤怒，包括对同事告状行为的愤怒，以及对上司以这种方式指责他、不给他解释机会的愤怒。

到目前为止,努诺一直试图通过做好工作来对抗上司的屈辱和压力,但是如今,他只觉得自己没有能力再继续了。精神压力也影响了他的健康。捱过10天的偏头痛,努诺只感到极度倦怠和沮丧。他陷入了抑郁。在医生的建议下,努诺接受了治疗。在治疗师的支持下,努诺终于决定为自己挺身而出,申请转岗。

几个月过去了,某天晚上,凯打电话给他,他们聊了很久。凯也提交了转岗申请,因为他也受到了上司的严重打压。在这次开诚布公的谈话中,他们发现上司在同事间的相互指责上撒了谎,他试图操纵下属间内讧。但是,由于他从未在多名下属面前玩弄那一套腹黑的把戏,所以一直没有被拆穿。努诺和凯现在都意识到,摆脱受害者角色并为自己的边界挺身而出有多么重要。

努诺和凯的经历并非孤例。但是,当你认为自己需要讨上司的欢心,并且内心担忧自己的工作或这份有保障的薪水时,你会怎么做?不信任很快就开始滋生,尤其是当上司还在下属间挑拨离间时,你内心的安全感迅速开始动摇。在与上司交谈后,努诺为什么没有直接与凯交谈,或者明确而自信地指出根本就还没有到约定的截止日期呢?在接下来的章节中,我将提供几种可行的方法,帮助大家摆脱被霸凌的经历或是走出沉溺于受害者角色的境地。

用愤怒的力量摆脱受害者角色

我想向你介绍一种摆脱受害者角色的方法，主要与清晰度和个人责任有关。清晰来自愤怒和为自己承担责任的力量，让你摆脱受害者的束缚，并将作出什么样的反应的选择权掌握在自己手中。这需要你进行彻底的内省，而这很可能会让你觉得不舒服。所以，有没有一种可能，为了让自己感觉更舒服，其实你一直在希望改变周围的人？我曾经也是这么做的，但是这种做法真的有效吗？以个人经历来说，直到如今，我都没有看到效果。

因此，如果真的不能改变其他人，包括霸凌者，那么你至少可以选择自由地改变自己，重新调整自己的能量场。走出受害者的阴影，不仅是消除被欺负的委屈，而且是在任何情况下都不再扮演受害者的角色，做到对自己彻底坦诚。找出你在哪些方面自我欺骗，搞清楚你到底想要什么样的生活。你想在生活中遇到哪些人、经历哪些事、享受什么样的工作条件、拥有什么样的经历呢？你愿意为此做什么？为这些事情承担责任并不意味着你应该受到责备、惩罚，或是徒增烦恼。恰恰相反，为自己承担责任意味着你可以自由地决定自己的人生轨迹。

坦诚地回答下面我提出的问题，在内心和对外界都建造起能量场，这将使你离受害者的角色越来越远。付出的代价是你不能再责怪他人，任何一个人。根据我的经验，我只能建议你认知自我并自己找出答案。这种自我反省是最佳的自律。这是勇敢者的试炼，也是通往彻底对自己负责任的道路。

你可以在独处时进行自我反思，也可以与经验丰富、知道如何陪伴他人经历情绪波折的人一起进行自我反思。最好的朋友并不合适——陪伴你的人需要与你保持一定的健康距离,以便能够以最好的方式帮助你,给你公正、客观的反馈。在这样一个有人陪伴和保护的环境中,你可以做到尽可能诚实地回答一些棘手的问题。面对这些问题,可能会颠覆你以前视作真理的东西,原本尽在掌握的安全感也开始突然动摇。不用担心,这很好,因为这能让你彻底地重新聚焦和重塑自己。

你如果真心想摆脱受害者的身份,愿意利用愤怒的力量仔细地审视自我,你如果愿意以新的清晰度重新认知自己,不再把能量浪费在无用的外界纷扰上,也不想再成为受害者饱受欺凌,那么,你可以认真地思索以下问题。我把这些问题标记为"危险",因为诚实地回答它们可能会彻头彻尾地改变你,你可能会获得一个全新的自我,甚至你可能永远告别过去的自己——难以想象!——告别自己过去所有的受害者角色。好了,深吸一口气,让我们开始吧:

危险问题 —— 告别受害者角色

* 我对现在的工作满意吗?还是觉得有点鸡肋?

* 当我想到工作时,我会感到抗拒还是喜悦?

* 当我内心实际想说"不"时,我经常嘴上还是说"是"吗?还是,我心里想着"是",但嘴上却说"不"?

第 15 章 通过自知的愤怒建立健康的关系

* 我害怕上司、伴侣、父母或老师作出的反应吗?
* 我是否和同事或其他人明争暗斗、争权夺利?
* 我是否对这些人隐瞒了重要信息?
* 我会在背后议论别人吗?
* 在出现误会的时候,我喜欢胡思乱想、做各种假设,还是立即尝试消除误会?
* 我相信听闻的故事,还是喜欢追根究底?
* 我在哪些地方没有尽力?
* 在哪些方面,我总是想让别人来救我,这样我就不需要为自己承担责任了?
* 哪些事情是因为我做了,或者没有做,导致其他人欺负我?

那些了解自己愤怒的力量的人,会优先考虑改善自身,而不是在外界寻求解决方案。只有关注自己才能帮助你不遗余力地提升自我。不断地强大自己的内心,会让你告别内心不断假设"我还不够好"的那部分自己。你面临着挑战,去审视或消除内心那些陈旧的想法和信念。这意味着你需要和让你把自己变得卑微或是堕落的部分,以及外界在你身上狂轰滥炸的各种假设和评价告别。这是一个巨大的挑战,尤其是当你可能不得不放弃一部分的自己,努力让自己保持活力充沛时。

我们要明白一个非常重要的道理:当有人对你发火时,通常是因为他在对自己生气,与你并没有关系。如果你感到受伤或是被攻击，说明你已经进入了"戏剧"游戏，你将自己代入了受害者或迫害者的角色。这时，你已经不可能再与对方共情或者和解，因为你已经深陷情绪的旋涡。

借助愤怒的力量，你可以在所有关系和生活状况中找到清晰的方向，更好地做自己并且独立塑造自己的生活——这正是愤怒的巨大潜力。我们内心蕴含的能量真是一份最好的礼物！

> **愤怒是一种为生命服务的力量！**

如果你了解由于社会或结构原因而导致的歧视——就像种族主义和性别歧视一样，那么你就会知道，想要改变大环境的整体情况，需要不止一个人感知并且传达出他们的愤怒、表明立场、采取行动并承担责任。同时，每一个人都可以带来改变：始终如一地践行自己的信念，让其他人加入自己的行列一起抗争。

◆ 小结

在本书的第三部分，我希望你可以相信自己愤怒的力量，并在日常生活、家庭生活和职场中使用它。以下

第 15 章 通过自知的愤怒建立健康的关系

是五个核心观点:

* 根据你的愿景,运用愤怒的力量来塑造自己的生活。

* 你可以设立边界并保持与他人的联系。注意感知你是需要更多的亲密感还是距离感,并相应调节合适的空间。

* 有意识地决定你的麻木阈值:你准备好感知更多还是更少的情感?

* 愤怒的力量可以帮助你为自己和需求挺身而出,并摆脱相互依赖症、抑郁症或倦怠。

* 通过有意识的愤怒,你可以改变不健康的关系,并以一种新的方式做自己。

愤怒的美好之处

在本书中，我们讨论过关于愤怒有很多种形式这件事。那些自我毁灭的人更有可能将愤怒发泄在自己身上，并且表现出自我攻击性。也许你见到过喜欢大喊大叫的人，他们就像希腊神话中雷霆万钧的复仇女神一样，将所有的愤怒能量不受控制地对外释放。你肯定也见过愤世嫉俗的"愤青"发动被动攻击，冷嘲热讽地挖苦，外加贬低中伤。愤怒类型各有不同，根据情况人们会使用某一种或其他表达形式。那些有意识地将愤怒的力量用于行动的人能够感知自己的愤怒及愤怒所传递的信息，并且会采取相应的行动。我称这些有意识的愤怒者为"战士"。在第 209 页，你可以做一下测试：你属于哪种愤怒类型？在某些情况下，你可能无意识地作出了反应，但之后回想起来，你却会对自己当时的实际行为感到非常诧异。听上去是不是有些不可思议，但又很有意思？不要害怕或羞于审视自我。你如果想要改变这种不自知的行为模式，就必须直面问题。

有意识的行动主义者或模范"战士"会时刻把"清晰之剑"放在身边。它可以帮助你更好地了解愤怒的力量所蕴含的潜力。"清晰之剑"提醒你，你始终随身携带着力量之源。当你有意识地保持真实的时候，就可以运用这把"清晰之剑"来揭开属于自己的真

第 15 章 通过自知的愤怒建立健康的关系

相。你希望未来的世界是怎样的？你在坚持什么？你有什么愿望和需求？为了珍视的一切，你需要运用这把"清晰之剑"，而那些无关紧要的杂质，就会被过滤掉或彻底删除。

"清晰之剑"是你进行区分和作出决定的工具：它帮你决定"是"或"否"，设立边界，这样就可以在各种情况下创造出清晰度，生活变得更加明确也变得愈发清晰。"清晰之剑"也代表了你对愤怒的觉知关系：你如果允许自己接受愤怒传递出的信息，你也会增强区分的能力——最终你将能够迅速、冷静地对每天遇到的事情作出反应，几乎不消耗额外的精力。因为你如果允许愤怒向你传递信息，那么，你就可以用非常小的愤怒强度设立起明确的界限，无须等愤怒累积到一定程度后才开始发泄。

你可以用愤怒的力量取得很多成就：如果你的面前摆着一个任务，那它就是你的任务，接受它并付诸行动。人们如果都以这种方式行事，将如何影响社会和世界局势呢？推动世界的变化，要从自己做起，从每个人都对自己负责做起。

对我来说，愤怒的美好之处在于它的正面作用，有意识地感受愤怒传递的信息，作出决定并采取行动，让我们的生活变得更好。什么对你有用？你想用愤怒的力量来达成什么？与其把矛头指向别人，指责他们做错了什么，不如把注意力放到自己身上，观察自己。你为自己建立起的生活、创造出的小世界，让这个浩瀚的大千世界变得更加丰富多彩。

借此机会，我也想感谢你对愤怒的探索精神和勇气。通过这本书，我希望你能更多地释放自我，做真实的自己，并遵循你的直觉。因为当你尊重和珍视愤怒时，它的破坏性就会失效，关键在于要有意识地使用它，并让它在你的人际关系中发挥好的作用。

重点并不在于能够永远有意识地、准确地、近乎完美地脱离战斗状态去表达愤怒。相反，重要的是你对自己的愤怒保持好奇并持续探索它。挖掘愤怒的力量，并让它滋养你的人际关系，从而减少对于冲突的恐惧。成长的旅程永远不会结束。尝试用不同方式表达愤怒，观察你的关系是否有所变化。

当你有意识地使用愤怒时，你会被认真对待，但此处的运用绝不是指大吼大叫、威胁恐吓、摔东西，或者使用暴力，而是你为了所珍视的一切勇敢发声，并且言必行、行必果。你将成为一个强大的盟友，为世界作出贡献，并持久地运用自己的力量去塑造一切，你全身心地投入其中，并且充满热情。你决定运用愤怒的力量作出决定，接纳并坚持所做之事，直到达成目标。接纳你的愤怒，去拥抱生活吧！

第15章 通过自知的愤怒建立健康的关系

进一步探索

情感指南针

情感指南针传达了情感的潜力以及风险。当你想处理自己的感受时,它就像导航系统一样为你服务。就像我们很少非黑即白地说北方好、南方坏一样,我们也无法绝对地评判某种情感为纯粹正面的或是纯粹负面的。愤怒、恐惧、快乐和悲伤,每一种情感都有它的作用,并且这些情感支撑着我们真实地生活着并且建立起各种各样的社会关系。在形形色色的情况下,每一种情感都在向你传递着有用的信息。

当你经历强烈的情感冲击,而且觉得换一种打开信息的方式会对改变当时的状况有所帮助时,也许情感指南针能帮你。查看指南针,加强你的情感能力:不同的情感是否能更好地帮助你,更好地满足你的需求?情感指南针是放大个人感受的一种方式。它可以帮助你了解日常生活中特别熟悉的情感,还有几乎从未体验过的情感。当你获得这些觉知后,你就拥有了使人际关系和交往更加活跃的能力。

愤怒

信息：我觉得哪里不对劲！

阴暗面：破坏性

光明面：清晰度

使命：采取行动

悲伤

信息：这令人遗憾

阴暗面：消极被动

光明面：爱意

使命：学会接纳

快乐

信息：我觉得非常好！

阴暗面：幻觉

光明面：吸引力

使命：表达感恩

第 15 章 通过自知的愤怒建立健康的关系

> **恐惧**
>
> **信息**：这太可怕了。
> **阴暗面**：麻木
> **光明面**：创造
> **使命**：激发创造

参考自薇薇安·狄特玛（Vivian Dittmar）的《情感与情绪》。[42]

你属于哪种愤怒类型

每天，在各种各样的场合都可能出现具有挑战性的情况，有可能发生在家里，也有可能是在工作中，也许是与朋友在一起时，抑或和邻居打交道时，再或者出门购物的时候。但是，每个人都会用自己的方式作出反应，而且根据情况不同，反应也可能会有所不同。在下面的测试中找出你的反应。你可能会发现自己在面对不同的人或情况时，表达愤怒的方式也会有所不同，你可能会表现出不止一种愤怒类型。圈出最符合你反应的字母。你圈出的最多的字母将引导你在接下来的页面中找到你的（一种或多种）愤怒类型。

1. 一位本应在某截止日交给你某项文件的同事，在没有任何解释的情况下未上交。你会作出什么反应？

* 当在电梯里碰到他时,我会问他这件事,并直接向他提供帮助,毕竟任何人都会遇到困难。(F)
* 我什么也没说,但是翻了个白眼。(G)
* 我会大声呵斥他:"你在想什么,这样让我很难做!我告诉你,你要为此承担后果!"(A)
* 在走廊遇见了他,我一言不发,继续工作。(B)
* 我默默地把剩余的工作接手过来,做完了。(D)
* 我会问他:"你什么时候可以把工作完成?你需要什么帮助吗?"(I)
* 我会先去喝杯咖啡。如果遇到其他同事时,我会告诉他这位同事的不可靠,这不是他第一次让我如此失望了。(C)
* 我对这位同事说:"我们这样永远也做不出成绩,这样很讨厌。"(H)
* 我想:要是我昨天再过问一遍的话,也许今天他就完成了。(E)

2. 你儿子回到家,穿着脏鞋直接走进家门,到他自己的房间里去了。你会怎么做?
   * 他一进房间,我就拿起清洁用品,开始打扫卫生。(D)
   * 向伴侣倾诉我对于这种不可理喻的青春期行为的不安。(C)
   * 我在想自己做错了什么,才会导致儿子进门没有在入口处脱鞋。(E)
   * 我假装心情很好,低声嘟囔:"完全没关系,我不知道还有什么事情能比跟在你屁股后头打扫卫生更值得我花时间。"(G)

* 当我看到污垢时，我想：哦，有污渍也是正常的，很快就能清理掉。（F）
* 我走到他跟前，对他说："你搞得家里都是肮脏的鞋印，让我很不开心。请你现在去打扫，确保弄干净。"（I）
* 我大声吼道："我是不是看错了！告诉你多少次了，要在门口脱鞋！"（A）
* 现在家里弄得很脏，我很生气，但是什么也没说。他会知道我在生气的。（B）
* 我生气地说："天哪，不要老是穿着鞋子走进来。我昨天刚打扫过一遍，又白干了。"（H）

3. 在培训课上，坐在你旁边的女士不小心打翻了她的咖啡，咖啡溅到了你的论文上。你会作出什么反应？

* 我赶紧从包里拿出纸巾，把文件擦干净，并且说道："把你的杯子放在离文件远一点的地方，否则杯子有可能还会翻倒。"（D）
* 我立即检查论文有没有被弄脏很多。（E）
* 我发出不满的声音："天啊，真不敢相信！我的文件这下全毁了。"（H）
* 一开始我什么都没说，但趁休息时，我立即跟一位同事吐槽了邻座的粗心和无能。（C）
* "你最好当心一点！"我立即大声喊道。（A）
* 我很快清理好一切，并且拒绝了邻座这位女士的帮助："不，没关系。"然后，在接下来的一天里，我都尽量避免与她有任

何进一步的交集。（B）

* 我把文件放到一边，拿纸巾擦干，并接受了邻座的道歉。（I）

* 我忍不住说："你可真是个大聪明。这下弄得是一团糟。"（G）

* 我把沾满咖啡渍的文件推到一边并说道："没关系，发生这种事情很正常。"（F）

4. 在找车位的时候，一个人厚颜无耻地抢了你要停的车位。你会做什么？

* 我不会为此浪费时间，我会寻找另一个停车位。（D）

* 我对自己说："这就是我们社会的典型现象，每个人都自私自利只顾自己，从不为他人着想。"（H）

* 我按了几下喇叭，对那个人吼了几句，然后愤怒地踩油门开走了。（A）

* 我都不想看这人一眼，继续开车。（B）

* 我想：可能他比我更着急。没关系，我再重新找一个停车位吧。（F）

* 停到稍远的车位后，我遇到了他，并对他说："刚刚你在搞事情吧，真够没素质的。"（G）

* 我跟车上的同行人员说："你看到了吗？真是不可理喻，完全无法理解这种行为。"（C）

* 失去了这个停车位我很生气，并且能够感觉到自己肚子发出咕噜的声音。（I）

* 我意识到是自己走神了，反应不够快，于是我生起了自己的闷气。（E）

5. 在你和伴侣都有全职工作的情况下，你还要负责家务活儿。在经过一天高强度的工作后，你会怎么与伴侣相处？

   * 我保持友好的态度，并且很理解对方。他做家务的次数比我少得多，缺乏经验。（F）
   * 我依然会把家务活儿干完。但是，晚上上床之后，我太累了，所以没办法进行任何亲密活动。（G）
   * 睡前，我对伴侣说："我今天好累，再加上这么多家务活儿，累死我了，真不知道我还能撑多久。"（H）
   * 我把整个盘子扔到伴侣脚下，然后说："以后，拜托你自己做饭吧！"（A）
   * 我告诉伴侣，我觉得这样的分工有问题，我希望找到一个更好的解决方案。（I）
   * 我向好朋友抱怨伴侣的大男子主义行为。（C）
   * 我默默地完成家务，并避免与伴侣进行眼神交流和交谈。（B）
   * 当我把食物从烤箱里拿出来时，我被砂锅烫到了，并对自己的笨拙感到恼火。（E）
   * 我做了这些家务，是因为我知道，如果我不做，也不会有别人做。（D）

6. 在超市，两个收银台前的队伍永远排得很长，似乎也没有要开新收银台的迹象。你会怎么做？

   * 我耐心地等待，还给其他变得不耐烦的顾客讲些轻松的笑话。（F）

* 我直接去找超市经理，请他再开一个收银台。（D）

* 我把手中的三样东西放回货架上，没有买任何东西就离开了超市。（B）

* 轮到我的时候，我假装微笑着对收银员说道："我今天差点儿在这里扎根生长了。"（G）

* 我想：这也太离谱了，怎么我又得在这里等这么久？（H）

* 我在等的时候不停地咬嘴唇，最后甚至把嘴唇咬得流血了。（E）

* 我对身后的顾客说："这太过分了，他们总是只开两个收银台，总是人手不足，而我们作为顾客还不得不忍受这一切。"（C）

* 等了一会儿，我大声喊道："这里的服务也太糟糕了吧？拜托快点再开一个收银台，我不能永远这样等下去啊！"（A）

* 我请收银员另开一个收银台。（I）

7. 吃蛋糕时，你分到的一块比其他客人小得多。你会作出什么反应？

* 没关系。还有其他糕点呢。（F）

* 我挑衅地看着坐在旁边的人的肚子说："果然吃这么多也不是白吃的啊，呵呵。"（G）

* 我吃了这块蛋糕，之后逐渐减少与这位主人的联系。（B）

* 当我接过盘子时，不小心把蛋糕掉到了地上。（E）

* 我直接说我注意到蛋糕的大小分配不同，而我想要一块更大的。（I）

* 我吃着蛋糕，但心里怒火中烧。（D）

第15章 通过自知的愤怒建立健康的关系

* 我对主人说道:"这块可真小啊,其他人的蛋糕都大多了。"(H)
* 我对坐在旁边的人耳语说:"主人家这是还想留点蛋糕明天再吃啊。"(C)
* 我对主人大声说:"这么分可不行,这块迷你蛋糕你自个儿留着吃吧!"(A)

8. 你度假回来,发现邻居把他们计划搭建的篱笆向你的地盘推进了20厘米。你会怎么做?

* 我心里想:早知道我应该在度假之前和他讨论一下具体的边界划分。唉,这下可好了,我真蠢!(E)
* 我很生气:"太蠢了,现在我们吃饭的时候,他几乎都可以朝我们桌子上吐口水了!"(H)
* 从现在开始,我会避开他,只有在绝对无法避免的时候才会和他打个招呼。(B)
* 我跟他约个时间,谈谈篱笆的事儿。(I)
* 我直接拆掉了篱笆。(A)
* 我隔着篱笆向他喊道:"你难道不知道尺子是干什么用的吗?"(G)
* 这必须立马纠正过来。当天晚上,我就去敲了邻居家的门,说了这件事。我告诉他必须在5天内把篱笆移回去。(D)
* 我和另一个邻居说:"你看看他,竟然把这么丑的东西搭在我家地上。"(C)
* 我想:有什么关系,不过是少了20厘米宽的草坪,那我现在

要割的草也少了。（F）

9. 你的足球队输掉了一场重要的比赛。你怎么解决这个问题？

　　* 我对裁判生气地大喊："你今天吹黑哨了！真是离谱到家了！"（A）

　　* 我一言不发地走进更衣室换衣服。（B）

　　* 我抱怨其他队友的无能："你们太菜了！"（G）

　　* 我拍拍队友的肩膀，说没关系，下次我们会赢的。（F）

　　* 我表现出失望，并在赛后分析中给其他队友提出反馈，我指出比赛中哪些地方出了问题。（I）

　　* 在去更衣室的路上，我和队友吐槽，某个球员一定是前一天晚上喝得太多了，两条腿都是软绵绵的。（C）

　　* 我很生气比赛进行得如此糟糕，并说："看来我一定要换个俱乐部了，这种踢法太差了。"（H）

　　* 我立刻想到我们如何才能在下次训练中更好地准备，并为教练做了些笔记。（D）

　　* 进更衣室时，我用力地踢门，结果脚疼了一晚上。（E）

10. 你的闺蜜打电话给你，又一次抱怨她的男朋友一直在工作，从来没有时间陪她，甚至周末也不能一起出去玩。你会怎么回应？

　　* 我告诉她，过几天我会和她男朋友一起喝杯啤酒聊聊。（D）

　　* 我告诉她，听她抱怨让我觉得很累。我更看重的是了解她的感受，而不是她认为伴侣做错了些什么。（I）

　　* 我的肩膀越来越紧张，我能感觉到这甚至导致了头痛。（E）

* 我理解闺蜜,我知道她必须把她的痛苦倾诉出来。我问她今天有没有安排一些开心的事情。(F)
* 我非常生气,对着电话喊:"我再也受不了你这些自私自利的抱怨了。说真的,世界又不是绕着你转的!"然后挂断了电话。(A)
* 我一直接着她的电话,让她说,但同时手头上做着其他事情。(B)
* 通话结束后,我生气地挂断了电话,并告诉室友这通电话有多累人,还说她应该知足,好歹她还有个男朋友。(C)
* 我打断她,随口说道:"看来和人谈恋爱挺不容易的。"(G)
* 我拉长了声调说道:"你就不能说点儿别的吗?这些破事儿真的烦透了。"(H)

在下方记录你选择某个字母的次数:

A	B	C	D	E	F	G	H	I

愤怒类型测试的评估结果

你选得最多的是哪种愤怒类型?下面,你将找到与测试中标记最多的字母相对应的愤怒类型。通读一遍，看看你所熟悉的愤怒的表达方式，及其背后的动机和目标。通常，你选择的愤怒的表达方式也是你童年时期表达愤怒的方式，因为这种表达方式像一个烙印，深深刻在你身上。它给了你最大的安全感，并且根据你生命早期的经验来说，这样做也最容易取得成功。然而，有可能你不仅拥有一种愤怒的表达方式，而且是内心携带着多种类型的愤怒。那么，请在测试中再次审视你在何种情况下会以何种方式作出反应。例如，我们和同事交往时的模式往往与对待伴侣、朋友或陌生人不同。在独处时，我们的行为也可能与在公共场合中不同。

九种愤怒类型

无意识的愤怒类型

A — 暴怒型

愤怒表达：口头或身体上不受约束地发火。

动机：指责、责备、怪罪他人。用音量和暴怒程度恐吓对方。

回避：审视自己，自我反省。

对策：发泄，尽可能地大声！摔坏手上能拿到的各种东西。

典型想法或表达："马上把你的垃圾收拾干净，否则我就要发火了！""你给我闭嘴！""这里我说了算，明不明白！""你以为你是谁，你算哪根葱啊？"

B — 无视型

愤怒表达：沉默或无视。

动机：让对方坐立不安，通过不给予注意力来惩罚对方。

回避：针对问题的直接交流以及与他人正面对质。

策略：让对方难堪。在发生冲突的时候，避免与当事人交流。长期忽视对方。

典型想法或表达举例：别人问"怎么了"的时候，总是回答"没什么""我什么也没做啊""他会知道自己做错了什么的""我会让你知道，谁才是占上风的那个"。

C — 八卦型

愤怒表达：与第三方进行八卦。

动机：引起他人注意并结成联盟。

回避：直接沟通；与对方对峙；不愉快的感觉；与他人的比较。

策略：通过贬低他人来提升自己的地位，淡化敌对情绪。

典型想法或表达："你听说 K 先生那场超尴尬的演讲了吗？""那人怎么敢穿这样的衣服？""你听说姓王的那个女人上个礼拜讲的荒唐事儿了吗？"

D — 行动派

愤怒的表达：通过行为和活动来表达愤怒。

动机：不想感受或表达自己的愤怒，想控制和管束他人。

回避：真实的对抗，感到对愤怒的恐惧。

策略：不拐弯抹角，说干就干；将愤怒直接转化为行动，控制局面。

想法或表达："不行，这根本行不通！我必须立即改变这一点。""哦，不，如果他们那样做，肯定会出大事的。最好还是由我来接手处理，不然事情就要变得更糟糕了。"

E — 自我破坏型

愤怒的表达：自我攻击、内向、内心独白、自残行为。

动机：不想伤害或批评任何人，却唯独伤害自己。

回避：与对方对抗。

策略：自残，自我毁灭——不管是因为粗心大意还是有意识的行为；还会因为愤怒而踢东西或者用拳头打东西。

典型想法或表达："也许这是我的错。一定是我忽略了一些什么。""这是我会犯的典型错误！""这种事情只可能会发生在我身上！"

F — 圣母型

愤怒的表达：不展现愤怒，不作出愤怒的表达。

动机：保持和谐，带来和平，分散愤怒。

回避：冲突、真实的争论、责任感、害怕感知恐惧。

策略：否认愤怒，把一切都变得和谐；按照座右铭"我们都爱着彼此"生活。

典型想法或表达："算了！""其实也没那么糟吧。""他肯定不是故意的。""任何人都可能碰上这种事儿。"

G — 愤世嫉俗型

愤怒的表达：被动攻击、直言不讳、尖酸刻薄的评论、讽刺、愤世嫉俗、黑色幽默。

动机：通过伤害他人以避免感受自己的痛苦；贬低他人；当自己感到不快时，就希望其他人也受苦。

回避：与他人直接对峙，承担责任。

策略：用言语打击和摧毁他人。都是别人的错！

典型想法或表达："这就是典型的你！""你怎么这么蠢！"，"今天又做错了什么？""今天又在自夸吗？""你真的很有创意，能犯这么多错误也是不容易！"

H — 唠叨型

愤怒的表达：过度消极和唠叨。

动机：吸引他人的注意力，支配他人，引起怜悯。

回避：承担责任，带着觉知地反抗。

策略：讲述受害故事，一个牢骚满腹的抱怨者，对一切挑剔。

典型想法或表达："你总是需要这么长时间！""我为什么要努力？反正也没用！""我工作最努力，赚得却最少。""哦，又是长茎玫瑰。你明明知道我更喜欢短束鲜花的！"

有意识的愤怒类型

I—勇士型

愤怒的表达：利用愤怒造就行动和改变。

动机：创造清晰度和联系，开始行动。

回避：不负责任地表达愤怒、辩解、防御、讲故事。

策略：将彼此无法达成一致的点有意识地带入直接的交流中，对不一致的地方作出改变。

行动示例：如果勇士不得不推迟约会，他不会详细地解释原因，而是提出新的约会建议。如果某件事不成功，勇士不会抱怨，而是尽力发现新的可能性。堵车时，勇士不会把精力浪费在骂人或发怒上，而是想办法机智地利用时间。当必须作出决定时，勇士不会拖延并且勇于为后果负责。

练习概览

练习 1：感知愤怒 第 19 页

练习 2：你今天什么时候感到愤怒？第 30 页

练习 3：你的愤怒：是感受，还是情绪？第 38 页

练习 4：你原生家庭中的愤怒 第 44 页

练习 5：你儿时的愤怒 第 45 页

练习 6：你愤怒时的样子 第 54 页

练习 7：每日检查：发现你的愤怒 第 64 页

练习 8：愤怒背后未被满足的需求 第 75 页

练习 9：探索清晰的力量 第 92 页

练习 10：你的内在稳定性如何？第 98 页

练习 11：搭档练习：回归自我中心 第 103 页

练习 12：愤怒会议 第 106 页

练习 13：你如何对待责任？第 108 页

练习 14：练习承担责任 第 111 页

练习 15：受害者、迫害者，还是拯救者？第 120 页

练习 16：如果你说了"不"，会发生什么？第 126 页

练习 17：探索日常生活中的紧张时刻 第 132 页

练习 18：心理的"年中报表" 第 138 页

练习 19：作出承诺 第 142 页

练习 20：愿景时间 第 143 页

练习 21：带着意识，勇敢说"不" 第 151 页

练习 22：掌握好亲近感、距离和反馈 第 159 页

练习 23：感受并专注于当下 第 166 页

练习 24：强化你的内心，获得清晰感 第 181 页

练习 25：分离情感 第 185 页

练习 26：清晰的对话 第 194 页

网址

自助小组

12 步互助小组：www.codadeutschland.de

自杀幸存者帮助网站：www.aguselbsthilfe.de

危机帮助

德国电话心理辅导：www.telefonseelsorge.de

免费紧急热线：0800 111 0 111

适用于身处危机中的人们：www.irrsinnig-mensch.de

抑郁症（紧急援助网站）：www.deutsche-depressionshilfe.de

抑郁症和自杀的年轻人的数据及援助网站：www.frnd.de

其他培训和指导

愤怒的力量：www.wutkraft.de

情感工作：www.friederikevonaderkas.com；www.viviandittmar.net

可能性管理（PM）：www.possibilitymanagement.org；www.pm-unlimited.eu（Marion Lutz）

非暴力沟通（GFK）：www.kraftwerkfrei-gluecklich.de；
www.non-violent-dach.eu

治疗服务

躯体疗法：www.somatic-experience.de

NARM 疗法：www.drlaunceheller.com

拓展阅读

Clinton, Callahan: *Die Kraft des bewussten Fühlens.* Genius Verlag 2016.

Clinton, Callahan: *Wahre Liebe im Alltag.* Next Culture Press 2015.

Dalai Lama: *Be angry! Die Kraft der Wut kreativ nutzen.* Allegria 2020.

Dittmar, Vivian: *Gefühle & Emotionen – Eine Gebrauchsanweisung.* Verlag VCS Dittmar 2014.

Harris, Thomas A.: *Ich bin o. k. Du bist o. k.* Rowohlt Taschenbuch Verlag 2007.

Heller, Laurence und LaPierre, Aline: *Entwicklungstrauma heilen. NARM.* Kösel 2013.

Holleben, Jan von: *Meine wilde Wut.* Beltz und Gelberg 2018.

Hüther, Gerald: *Was wir sind und was wir sein könnten.* S. Fischer 2017.

Juul, Jesper: *Aggression.* S. Fischer 2014.

Kast, Verena: *Vom Sinn des Ärgers.* Herder 2010.

Levine, Peter A.: *Sprache ohne Worte.* Kösel 2011.

Moeller, Michael L.: *Die Wahrheit beginnt zu zweit*. Rowohlt Taschenbuch 2010.

Rosenberg, Marshall B.: *Gewaltfreie Kommunikation*. Junfermann 2016.

Rosenberg, Marshall B.: *Was deine Wut dir sagen will*. Junfermann 2013.

Sprenger, Reinhard K.: *Das Prinzip der Selbstverantwortung*. Campus 2015.

致谢

我的愤怒激励着我写下这本书。愤怒告诉我,它的力量仍然受到如此消极的评价,我认为这是不对的。与人们分享愤怒光明的一面是我的心愿。写这本书让我能够更深入地研究愤怒,反思和评估我学到的东西。由此,是时候道出我深深的感谢了:

首先,我要感谢耶尔卡·蒙西和科杜拉·安德烈,没有你们,就没有针对愤怒的力量的研究。感谢你们有勇气面对这一主题,开展了对愤怒的研究。感谢你们邀请我在2015年加入愤怒的力量研究团队。

蒂洛,谢谢你,谢谢你和我们在一起的时光。你内心与愤怒的斗争激励了我打开研究愤怒的大门。我就这样找到了目标。

我的母亲克里斯蒂安:感谢你的开明、倾听、善解人意、无限的耐心和充满爱意的鼓励之言。

我要感谢兄弟杰罗和克里斯蒂亚参与对感受和愤怒的研究。

我要感谢父亲克劳斯,感谢你对愤怒这个话题的内在挣扎,以及你总是能坚定不移地关注生活积极的那一面。

我要感谢所有允许我陪伴他们(重新)发现自身力量的人,他们的成长总是让我感动。

感谢F组的小伙伴们,在本书的写作过程中,他们一直在精神、情感和身体上支持和陪伴着我。

汉娜,感谢我们的合作和友谊,以及你真诚而切实的反馈。

感谢托斯滕的冷静、爱、支持和信任。

斯塔西亚,感谢你分享了对愤怒研究的热爱,我们互相激励,以及共同将这项工作推广向全世界的愿景。

玛丽·安卢茨,感谢你清晰的表达、诚实的反馈、耐心、爱心和对本书的信念。

ZEGG 社区,我的大家庭,支持我度过失去兄弟的艰难时期,并让我有机会通过我热爱的工作充分发挥自己的潜力。多年来,我从你们中的许多人那里得到了启发和建议,感谢你们。

谢谢你,亲爱的西尔维亚·格雷迪希,感谢你对这个话题永无止境的鼓励,你令人印象深刻的创造力,还有你对这个话题的开放和好奇心。

我要感谢 Beltz 出版社的团队,特别是多萝西娅·比勒(Dorothea Bühler)和贝蒂娜·布林克曼(Bettina Brinkmann),感谢你们对这个主题的信任。

最后,感谢我的启发者、思想先行者、研究伙伴和老师们。

注释

1. Verena Kast: *Vom Sinn des Ärgers. Anreiz zu Selbstbehauptung und Selbstentfal- tung.* Herder 2010, S.114.
2. Peter A. Levine: *Sprache ohne Worte.* Kösel 2011, S.35.
3. Laurence Heller und Alice LaPierre: *Entwicklungstrauma heilen.* Kösel 2013, S. 156.
4. Zur besseren Lesbarkeit verzichte ich auf die gendergerechte Sprache. Mir ist es wichtig, ausdrücklich zu betonen, dass immer alle Geschlechter gemeint sind undichgleichgeschlechtlichePaaregleichermaßenmeine,wennvonMannund Frau die Redeist.
5. Marshall B. Rosenberg: *Gewaltfreie Kommunikation.* Junfermann 2007, S.92.
6. https://www.deutsche-depressionshilfe.de/forschungszentrum/deutschland-ba rometer-depression
7. Peter A. Levine: *Sprache ohne Worte.* Kösel 2011, S.411.
8. Gabor Maté: *When the Body says no.* Scribe Publications 2019, S.61.
9. https://www.uni-regensburg.de/medizin/epidemiologie-praeventivmedizin/me dien/institut/professur-fuer-medizinische-soziologie/

prof-dr-med-julika-loss/ alternative_heilverfahren_angebot_gesundheitswesen.pdf.

10. DieNamenvonPersonen,dieanmeinenSeminarenteilgenommenhaben,wur- den verändert und die Lebensgeschichten so verfremdet, dass sie keine Rück- schlüssezulassen.

11. *Health Psychology*, Vol 24(6), Nov 2005,601–607.

12. https://www.deutschlandfunkkultur.de/antonio-damasio-im-anfang-war-das- gefuehl-die-sehnsucht.950.de.html?dram:article_id=400314.

13. Interpretationen nach Vivian Dittmar: *Gefühle & Emotionen*. Verlag VCS Ditt- mar 2007, S.28.

14. Clinton Callahan: *Die Kraft des bewussten Fühlens*. Genius Verlag 2009, S. 115.

15. Ebd. S.114.

16. Mehr dazu hier: Harris, Thomas A.: *Ich bin o.k. – Du bist o.k.* Rowohlt Taschen- buch1976.

17. Verena Kast: *Vom Sinn des Ärgers*. Herder 2010, S.37.

18. Clinton Callahan: *Die Kraft des bewussten Fühlens*. Genius Verlag 2009, S.25.

19. Peter A. Levine: *Sprache ohne Worte*. Kösel 2011, S.408.

20. https://soundcloud.com/user-435173570/7-fragen-an-gerald-huther?fbclid=IwAR0-NfIeTdRJR8LULBb71iMEXxN5j_yPN0CANdTbCqbuQgjwsIC y2PJZ8V8.

21. https://www.zeit.de/wissen/gesundheit/2012-10/Alkohol-

iker-Sucht-Lebenser- wartung.

22. Clinton Callahan: *Die Kraft des bewussten Fühlens*. Genius Verlag 2009, S.29.

23. Passiv-aggressiv. In: *Psychologie Heute*. Verlagsgruppe Beltz Oktober 2019. Heft10.

24. Passiv-aggressiv. In: *Psychologie Heute*. Verlagsgruppe Beltz Oktober 2019. Heft10.

25. Verena Kast: *Vom Sinn des Ärgers*. Herder 2010, S.20.

26. Ebd. S. 21.

27. MarshallB.Rosenberg:*WasdeineWutdirsagenwill*–überraschende*Einsichten. Das verborgene Geschenk unseres Ärgers entdecken*. Junfermann2013.

28. Paul Watzlawick: *Anleitung zum Unglücklichsein*. Piper Taschenbuch 2009,S. 37 f.

29. Vivian Dittmar: *Gefühle & Emotionen*. Verlag VCS Dittmar 2007, S. 102ff.

30. Michael Lukas Moeller: *Die Wahrheit beginnt zu zweit*. Rowohlt Taschenbuch 2010, S. 15.

31. ClintonCallahan:*DieKraftdesbewusstenFühlens*.GeniusVerlag 2009,S.88–91.

32. Nach Laurence Heller und Alice LaPierre: *Entwicklungstrauma heilen*. Kösel 2013, S. 11ff.

33. Stephan B. Karpman: *A game free life*. Drama Triangle Publications2014.

34. Clinton Callahan: *Die Kraft des bewussten Fühlens*. Genius Verlag 2009, S.142.

35. Verena Kast: *Vom Sinn des Ärgers*. Herder 2010, S.31.

36. NachClintonCallahan:*WahreLiebeimAlltag*.NextCulture-Press2015,216f.

37. https://www.psychologie-heute.de/beruf/40050-burnout-unter-kontrolle. html#page.

38. https://www.stiftung-gesundheitswissen.de/wissen/depression/hintergrund?gclid=EAIaIQobChMI3KjNi8m76AIVCtHeCh2l5g-ZaEAAYASAAEgIBKfD_BwE.

39. Die Studie ist hier abrufbar: https://www.researchgate.net/publication/3290 95628_Mismatch_in_Spouses'_Anger-Coping_Response_Styles_and_Risk_of_ Early_Mortality_A_32-Year_Follow-Up_ Study.

40. Die Studie ist hier abrufbar: https://papers.ssrn.com/sol3/papers.cfm?abstract_ id=3470734.

41. https://www.spiegel.de/karriere/knatsch-im-job-wie-sich-arbeitskonflikte-loe sen-lassen-a-825328.html.

42. Vivian Dittmar: *Gefühle & Emotionen. Eine Gebrauchsanweisung*. Verlag VCSDittmar, Edition Est2007.